【现代种植业实用技术系列】

食用菌
优质高效栽培技术

主　编　李国庆
副主编　丁强强　赵宏远
编写人员　崔广胜　焦　婷
　　　　　王业胜　聂　凡

时代出版传媒股份有限公司
安徽科学技术出版社

图书在版编目(CIP)数据

食用菌优质高效栽培技术 / 李国庆主编. --合肥:安徽科学技术出版社,2021.12

助力乡村振兴出版计划.现代种植业实用技术系列

ISBN 978-7-5337-7787-6

Ⅰ.①食… Ⅱ.①李… Ⅲ.①食用菌-蔬菜园艺 Ⅳ.①S646

中国版本图书馆CIP数据核字(2021)第262890号

食用菌优质高效栽培技术

主编 李国庆

出 版 人:丁凌云　　选题策划:丁凌云　蒋贤骏　王筱文　　责任编辑:翟巧燕
责任校对:岑红宇　　责任印制:李伦洲　　　　　　　　　　　装帧设计:王 艳

出版发行:时代出版传媒股份有限公司　　http://www.press-mart.com
　　　　　安徽科学技术出版社　　　　　　http://www.ahstp.net
(合肥市政务文化新区翡翠路1118号出版传媒广场,邮编:230071)
电话:(0551)63533330

印　　制:安徽联众印刷有限公司　　电话:(0551)65661327
(如发现印装质量问题,影响阅读,请与印刷厂商联系调换)

开本:720×1010　1/16　　印张:9.5　　字数:123千
版次:2021年12月第1版　　2021年12月第1次印刷

ISBN 978-7-5337-7787-6　　　　　　　　　　　定价:32.00元

版权所有,侵权必究

"助力乡村振兴出版计划"编委会

主 任
查结联

副主任
罗 平　卢仕仁　江 洪　夏 涛
徐义流　马占文　吴文胜　董 磊

委 员
马传喜　李泽福　李 红　操海群
莫国富　郭志学　李升和　郑 可
张克文　朱寒冬

【现代种植业实用技术系列】
(本系列主要由安徽省农业科学院组织编写)

总主编：徐义流
副总主编：李泽福　杨前进

出版说明

"助力乡村振兴出版计划"(以下简称"本计划")以习近平新时代中国特色社会主义思想为指导，是在全国脱贫攻坚目标任务完成并向全面推进乡村振兴转进的重要历史时刻，由中共安徽省委宣传部主持实施的一项重点出版项目。

本计划以服务区域乡村振兴事业为出版定位，围绕乡村产业振兴、人才振兴、文化振兴、生态振兴和组织振兴展开，由"现代种植业实用技术""现代养殖业实用技术""新型农民职业技能提升""现代农业科技与管理""现代乡村社会治理"五个子系列组成，主要内容涵盖特色养殖业和疾病防控技术、特色种植业及病虫害绿色防控技术、集体经济发展、休闲农业和乡村旅游融合发展、新型农业经营主体培育、农村环境生态化治理、农村基层党建等。选题组织力求满足乡村振兴实务需求，编写内容努力做到通俗易懂。

本计划的呈现形式是以图书为主的融媒体出版物。图书的主要读者对象是新型农民、县乡村基层干部、"三农"工作者。为扩大传播面、提高传播效率，与图书出版同步，配套制作了部分精品音视频，在每册图书封底放置二维码，供扫码使用，以适应广大农民朋友的移动阅读需求。

本计划的编写和出版，代表了当前农业科研成果转化和普及的新进展，凝聚了乡村社会治理研究者和实务者的集体智慧，在此谨向有关单位和个人致以衷心的感谢！

虽然我们始终秉持高水平策划、高质量编写的精品出版理念，但因水平所限仍会有诸多不足和错漏之处，敬请广大读者提出宝贵意见和建议，以便修订再版时改正。

本册编写说明

我国的食用菌产业经过十多年快速发展,已成为种植业中继粮、油、果、菜之后的第五大产业。

作为食用菌研发人员,我们经常赴安徽省各地食用菌生产企业、种植合作社、个体户,开展食用菌生产培训与技术指导。在基层,我们了解到农民、干部及"三农"工作者普遍缺乏食用菌生产的基础知识,不太懂科学、高效的食用菌栽培技术,直接影响食用菌产业做大做强。为此,我们决定编写本书,着重突出"科普性""实用性""地方性"的特点。

本书分为"绪论""食用菌菌种生产技术""食用菌优质高效栽培技术"和"食用菌常见病虫害及其防治措施"4章。第一章简要介绍了食用菌生长发育及其影响因素的基础知识。第二章着重介绍了菌种、消毒、杀菌及菌种的繁育、质量评定与保藏方法等。这两章的编写本着"授人以渔"的宗旨,让读者了解食用菌生产的一些基本原理,便于其"知其然,知其所以然"。第三章主要介绍安徽省传统与珍稀食用菌品种的优质高效栽培方法。第四章着重介绍食用菌生产中的常见病虫害绿色防控技术。这两章的编写突出"实用性""地方性"特点。编写时,我们没有选择金针菇、杏鲍菇、白玉菇等工厂化品种,而挑选了近年刚刚兴起的羊肚菌、大球盖菇、黑皮鸡㙡菌等新特优食用菌进行介绍。尽量使本书既能够照顾到广大的基层种植散户的需求,又能适应食用菌种植的新形势。

本书汇集了我们多年来的技术指导培训经验和从实践中得到的一些新技术,以期基层读者们读有所获。

目　录

第一章　绪论 ⋯⋯⋯⋯⋯⋯⋯⋯⋯⋯⋯⋯⋯⋯⋯⋯⋯ 1
第一节　概述 ⋯⋯⋯⋯⋯⋯⋯⋯⋯⋯⋯⋯⋯⋯⋯⋯⋯ 1
第二节　食用菌的形态与生活史 ⋯⋯⋯⋯⋯⋯⋯⋯⋯ 3
第三节　食用菌的营养与环境 ⋯⋯⋯⋯⋯⋯⋯⋯⋯⋯ 7

第二章　食用菌菌种生产技术 ⋯⋯⋯⋯⋯⋯⋯⋯⋯ 16
第一节　食用菌菌种制作 ⋯⋯⋯⋯⋯⋯⋯⋯⋯⋯⋯⋯ 16
第二节　食用菌菌种保藏 ⋯⋯⋯⋯⋯⋯⋯⋯⋯⋯⋯⋯ 26

第三章　食用菌优质高效栽培技术 ⋯⋯⋯⋯⋯⋯⋯ 31
第一节　平菇 ⋯⋯⋯⋯⋯⋯⋯⋯⋯⋯⋯⋯⋯⋯⋯⋯⋯ 32
第二节　秀珍菇 ⋯⋯⋯⋯⋯⋯⋯⋯⋯⋯⋯⋯⋯⋯⋯⋯ 40
第三节　香菇 ⋯⋯⋯⋯⋯⋯⋯⋯⋯⋯⋯⋯⋯⋯⋯⋯⋯ 44
第四节　黑木耳 ⋯⋯⋯⋯⋯⋯⋯⋯⋯⋯⋯⋯⋯⋯⋯⋯ 60
第五节　鸡腿菇 ⋯⋯⋯⋯⋯⋯⋯⋯⋯⋯⋯⋯⋯⋯⋯⋯ 70
第六节　草菇 ⋯⋯⋯⋯⋯⋯⋯⋯⋯⋯⋯⋯⋯⋯⋯⋯⋯ 77
第七节　大球盖菇 ⋯⋯⋯⋯⋯⋯⋯⋯⋯⋯⋯⋯⋯⋯⋯ 85
第八节　双孢蘑菇 ⋯⋯⋯⋯⋯⋯⋯⋯⋯⋯⋯⋯⋯⋯⋯ 91
第九节　羊肚菌 ⋯⋯⋯⋯⋯⋯⋯⋯⋯⋯⋯⋯⋯⋯⋯⋯ 104
第十节　黑皮鸡枞菌 ⋯⋯⋯⋯⋯⋯⋯⋯⋯⋯⋯⋯⋯⋯ 110

第十一节　灵芝 …………………………………… 114
第十二节　茯苓 …………………………………… 124

第四章　食用菌常见病虫害及其防治措施 ……… 133
第一节　食用菌常见病害及其防治措施 …………… 133
第二节　食用菌常见虫害及其防治措施 …………… 142
第三节　食用菌绿色生产技术要求 ………………… 143

第一章 绪 论

第一节 概 述

一、食用菌概念

食用菌是一类可以食用的大型真菌,具有肉质、胶质、膜质、革质或木质子实体,通常被称为菇、蕈、菌、蘑、耳等,包括平菇、凤尾菇、香菇、银耳、木耳、猴头菇、灵芝、草菇、鸡腿菇、灰树花、杏鲍菇、白灵菇、姬松茸、牛肝菌、双孢蘑菇、竹荪、羊肚菌、金针菇、茯苓、冬虫夏草、滑菇等。

二、食用菌的食用、药用价值

1. 食用菌的营养价值

食用菌营养丰富,味道鲜美,含有丰富的蛋白质和人体所必需的多种氨基酸。研究表明,谷类食物中缺乏人体必需的氨基酸,不能满足人体需要,而食用菌富含人体生长发育所需的必需氨基酸。如果经常食用各种食用菌,可有效补充营养,促进身体健康。例如,金针菇含有的赖氨酸和精氨酸能促进儿童增高及其智力发育。因此,食用菌常被人们冠以"美味佳肴""保健食品""长寿食品"等美誉。食用菌具有高蛋白、低脂肪、低胆固醇等特点。

食用菌中的蛋白质含量很高,占鲜重的4%~5%,占干重的19%~25%,

是白菜、萝卜、番茄等常见蔬菜中蛋白质含量的5倍左右。不同种类的食用菌含有氨基酸的种类和数目也不同。一般食用菌中所含的氨基酸中有25%~40%是必需氨基酸。总氨基酸中有25%~35%是游离氨基酸,其余的结合在蛋白质中。

2.食用菌的药用价值

食用菌具有较高的药用价值,其特点是高蛋白、低脂肪。食用菌所含脂肪主要由不饱和脂肪酸组成,如油酸、亚油酸、软脂酸等。因此,经常食用可降血脂。

食用菌内含有丰富的矿物元素,如磷、钾、钙、镁、铁、锌、硫、硒等,这些矿物质占细胞质量的9%左右。矿物元素的种类、数量与人体的健康关系密切。灵芝内含有的硒元素就有提高人体免疫机能及延缓细胞衰老等作用。研究证明,硒元素对癌症、心脑血管病、肝肾病、糖尿病、溶血性贫血、哮喘、关节炎等都有良好的防治功效。香菇菌内含有锌、钙、磷、铁以及维生素D等,经常食用能预防感冒、肝硬化、软骨病及癌症等。

食用菌还富含维生素,如鸡腿菇中含有维生素B_1和维生素E,对糖尿病、肝硬化等疾病都有很好的辅助治疗作用。

另外,食用菌还含有真菌多糖。我国临床应用报道称,真菌多糖具有防癌抗癌的功效,能提高人体的免疫机能。

在我国现已栽培的食用菌中,有数十种具有较高的营养价值和药用价值。有的已明确主要药用成分,如灰树花的抗癌作用成分主要是β-葡萄糖,猴头菌属真菌多糖在提高机体免疫力、抗癌抑瘤、降血压、降血糖等多方面均具有一定的疗效。

所以说,食用菌具有较高的营养价值和药用价值,发展食用菌产业有着十分重要的意义和广阔的前景。

第二节 食用菌的形态与生活史

自然界中,食用菌的种类繁多,千姿百态,大小不一。不同种类的食用菌或在不同环境中生长的食用菌都有其独特的形态特征。虽然它们在外表上有很大差异,但实际上它们都是由生长于基质内部的菌丝体和生长在基质表面的子实体组成的,即食用菌是由菌丝体和子实体两部分组成。菌丝体是营养体(结构),存在于基质内,主要功能是分解基质,吸收、输送及贮藏养分;子实体是从菌丝体上产生的繁殖体,主要功能是产生孢子,繁殖后代,也是人们食用的主要部分。掌握食用菌形态、分类和生理等知识,是指导生产、栽培成功的前提和保证。

一、菌丝和菌丝体

菌丝是食用菌的营养体,呈绒毛状,它们生长在土壤、林木及枯枝落叶基质中,分解吸收营养物质,满足自己生长发育需要。菌丝是由管状细胞组成的丝状物,是由孢子吸水后萌发芽管,芽管的管状细胞不断分枝伸长发育而形成的。绝大多数食用菌菌丝呈白色,生长于培养基中,不易被人们发现。菌丝相互交错形成菌丝体(图1-1、图1-2)。

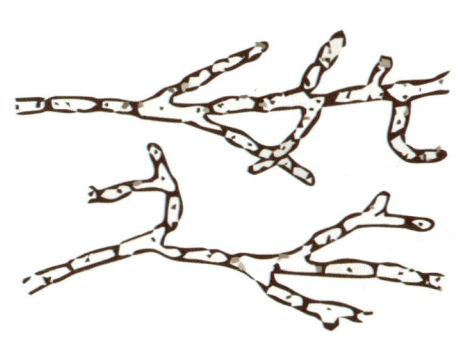

图1-1 菌丝体示意图

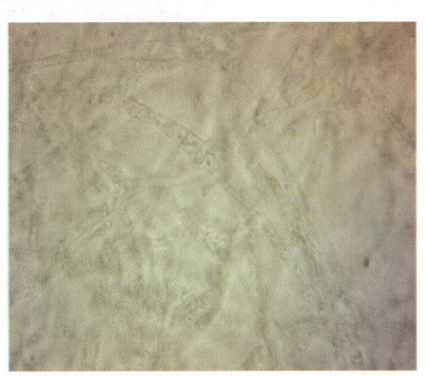

图1-2 菌丝体的细微结构

活体菌丝都具有潜在的分生能力,任何微小的菌丝体片段都可能会产生新的生长点,并由此发育成新的菌丝体。食用菌生产上使用的"菌种"就是具有自我繁殖能力的菌丝体。

二 子实体

菌丝在基质中吸收养分不断地生长和增殖,在适宜条件下转入生殖生长,形成子实体原基并逐步发育为成熟子实体。子实体是真菌进行有性生殖的产孢结构,是人们食用的主要部分,是食用菌具有经济价值的部分。

子实体形态丰富,不同种类各不相同,有的为伞状(香菇),有的为贝壳状(平菇),此外还有漏斗状(鸡油菌)、舌状(半舌菌)、头状(猴头菇)、毛刷状(齿菌)、珊瑚状(珊瑚菌)、柱状(羊肚菌)、耳状(木耳)、花瓣状(银耳)等;总的来说,以伞状最多。下面以伞菌为例,着重介绍其子实体的形态和构造。伞菌子实体主要由菌盖、菌褶、菌柄组成,某些种类还具有菌幕的残存物——菌环和菌托(图1-3)。

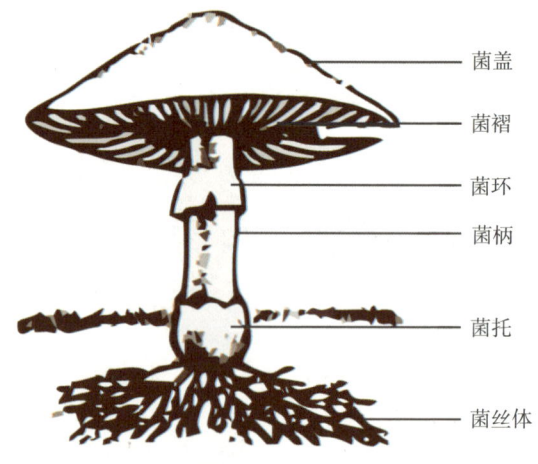

图1-3 伞菌形态结构示意图

1.菌盖

又称菌帽,是伞菌子实体位于菌柄之上的帽状部分,是主要的繁殖体结构,也是我们食用的主要部分。形态因种而异,常见的有钟形(草菇)、半球形(双孢蘑菇)。颜色各异,常见的为乳白色(双孢蘑菇)、杏黄色(鸡油菌)、灰色(草菇)、红色(大红菇)、紫绿色(青头菌)。菌盖边缘的形状,各菌种之间常不一样,幼时和成熟时可完全不同。个体成熟时边缘有的会内卷(乳菇)、反卷、上翘和下弯,有的平滑无条纹,有的撕裂成不规则波状等。菌盖表面有的光滑,有的具有皱纹、条纹和龟裂纹,有的干燥,有的湿润或黏滑。菌盖表皮以下是菌肉,多为肉质,少数为革质(裂褶菌)、蜡质(蜡菌),也有胶质或软骨质的。菌盖大小因种而异,小的仅几毫米,大的有几十厘米。通常将菌盖直径小于6厘米的称为小型菇,菌盖直径为6~10厘米的称为中型菇,菌盖直径大于10厘米的称为大型菇。

2.菌褶和菌管

菌褶和菌管也是蘑菇的重要组成部分。食用菌的子实层体指的就是长在菌盖下面可以产生子实层的部分。蘑菇的子实层体有不同的形状,有的呈叶片状,有的则像一条一条细细的小圆管一样整齐地分布着。呈叶片状的子实层体就是菌褶,而呈管状的子实层体就是菌管。菌褶的中间是菌髓细胞,两边则是子实层。菌褶的排列非常整齐,从菌柄中心向外延伸,一直长到菌盖的边缘,整体上像伞的骨架一样呈放射状。有的食用菌菌褶彼此之间被窄小的横脉连接起来,而像鸡油菌这样的食用菌,菌褶则纵横交织,形成网状。菌管的排列也相当整齐,有的菌管彼此之间很容易分开,有的则不能分开。不同的食用菌,其菌管的形状也不尽相同,有的菌管很细很长,有的菌管则又粗又短。菌管也大多是呈辐射状排列的。

3.菌柄

菌柄是连接菌盖和菌丝体的中间结构,同时还起着支撑作用。它是菌盖的支撑部分,是运送水分和营养物质的组织体。在我们熟知的食用菌中,有些无菌柄或仅具有短柄,不过多数种类具有圆柱状菌柄,但种类不同则菌柄的形状、大小、长短、粗细也各异。菌柄在菌盖上着生的位置因种类不同也不一样,据此可将其分为中生、偏心生、侧生三种。有的菇类菌柄着生于菌盖的中央,被称为中生,如草菇、金针菇、双孢蘑菇等;有的菇类菌柄着生于菌盖偏心处,被称为偏心生,如香菇;有的菇类菌柄着生于菌盖的一侧,被称为侧生,比如平菇。

4.菌幕、菌环和菌托

菌幕是指包裹在幼龄子实体外面或连接在菌柄与菌盖之间的那层膜状结构。前者被称为外菌幕,后者被称为内菌幕。子实体成熟后,菌幕就会破裂、消失,但在伞菌的某些种类中会残留下来。当子实体长大后内菌幕会破裂,在菌柄上留下环状痕迹,即称菌环。当菌柄伸长时,包被破裂,残留在菌柄基部的部分即为菌托。菌托的形状有鞘状、环状、鳞茎状、瓣裂状等。外菌幕撕裂的方式不同则产生的菌托形状也各异,呈开裂状或波浪状。菌柄和菌托着生的位置和形状是分类的重要依据。有的外菌幕残留在伞菌盖表面,容易形成鳞片或疣突,而大多数伞菌外菌幕在子实体生长发育过程中消失,不形成菌托。

（三）食用菌生活史

食用菌的生活史(图1-4),就是食用菌一生所经历的生活周期。即由孢子萌发开始,经菌丝体到产生第二代孢子的整个发育过程。

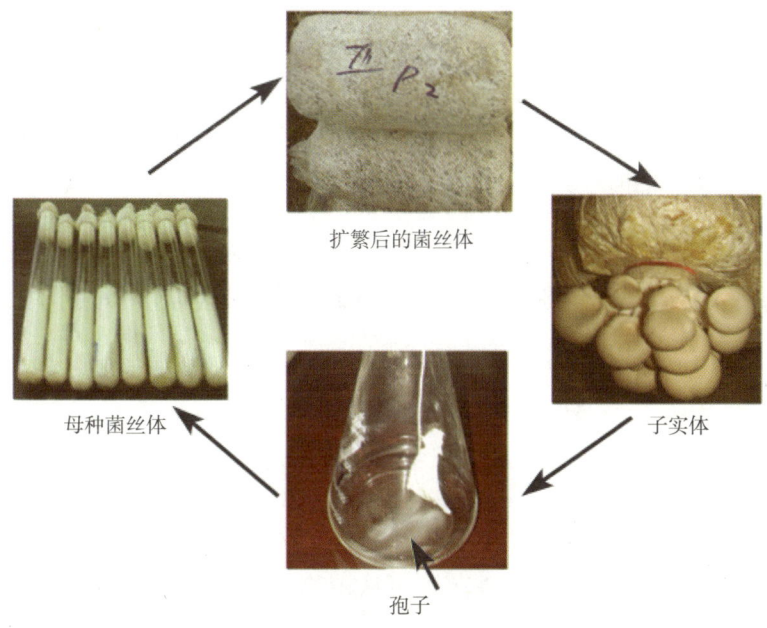

图1-4 食用菌的生活史(以平菇为例)

第三节　食用菌的营养与环境

一　食用菌的生活方式

食用菌没有叶绿素,是异养的生物体,只能够靠摄取自然界中现有的有机物来生活。根据食用菌生活方式的不同,可将食用菌分为腐生、共生、寄生三种类型。

1.腐生性食用菌

这类食用菌生长于腐烂的立木、倒木、枯枝落叶和土壤中,靠分解死的动植物残体或分解有机物并从中吸取养料而生活。腐生性食用菌是食用菌中最大的一个类群,人工栽培的食用菌大多属于腐生菌。按照腐生菌的生活环境又可将其分为草腐菌和木腐菌。

(1)草腐菌

人工栽培时,主要选择各种秸秆及棉籽壳、粪和圈肥作为培养料。腐生菌主要生长在发酵成熟的培养料上,比如发酵成熟的堆肥、圈肥。发酵成熟的草堆上都能生长出食用菌。

(2)木腐菌

它们主要靠分解木质素和半木质素而生存。如香菇、银耳、木耳、猴头菇、灵芝等,主要以木屑为原料进行栽培。

2.共生性食用菌

这类食用菌与植物根系结合,形成菌根,构成菌根真菌。菌根真菌能够提高矿物质的溶解度,促进植物对营养物质的摄取,保护植物的根系,使其免遭病原物的侵扰,而真菌则可从植物体获取营养。这种食用菌与植物间的互惠互利的关系叫共生。如天麻与蜜环菌可形成内生菌根,蜜环菌菌丝索侵入天麻块茎细胞中,吸取部分营养物质,而在天麻块茎的中柱和皮层交界处存在菌根菌的菌丝,能产生溶菌酶,溶菌酶能使菌丝内含物释放出来供天麻吸收。菌根真菌中有些种类已试种栽培。这是研究栽培食用菌开发种类的一个方向。

3.寄生性食用菌

这类食用菌生活在活生物体内或表面,靠吸取活体内的营养而生长发育,如虫草。

二 食用菌生长发育所需的营养物质

食用菌所需要的营养物质种类众多,可分为碳源、氮源、无机盐和生长因子等。

1.碳源

凡能为食用菌提供含碳素营养的物质,被称为碳源。食用菌细胞干重的一半是由碳元素组成的,碳元素在生长过程中起了很重要的作用,碳源为构成细胞物质并为其生长发育提供能量。有20%的碳素用于合成食用菌细胞物质,而碳源的氧化过程为食用菌完成生命活动提供了能量。

食用菌不能进行光合作用,因此不能固定空气中的二氧化碳。它们以碳酸盐无机碳作为碳源,所吸收利用的碳素都来自有机碳化物。碳源中,纤维素、半纤维素、木质素、半木质素、淀粉等大分子化合物不能直接被吸收利用,必须由菌丝体内分泌到细胞外的纤维素酶、半纤维素酶、木质素酶、半木质素酶和淀粉酶等分解成葡萄糖、半乳糖、木糖、阿拉伯糖后,降解为简单的碳化合物才能被吸收利用。单糖、有机酸和醇等小分子化合物,可以直接被食用菌菌丝吸收利用。

不同种类的食用菌对碳源有不同的选择。在不同的生产阶段,要根据需要选择不同的碳源。如:母种培养基的碳源以葡萄糖、土豆汁、蔗糖等为好。原种和栽培种的碳源主要来源于棉籽壳、木屑、各种秸秆等原料。

2.氮源

凡能为食用菌提供氮素来源的营养物质,都被称为氮源。氮源是食用菌菌丝生长发育不可缺少的营养物质,它是合成蛋白质、核酸和酶的重要成分,一般不提供能量。在生长过程中,食用菌主要利用有机氮,有些小分子有机氮如氨基酸、尿素等可以直接被食用菌菌丝吸收利用,而大分子有机氮必须由菌丝体内分泌到细胞外面的胞外酶将其分解成小分子后才能被吸收利用。栽培时,可由蛋白胨、酵母膏、尿素、豆饼粉、麸皮、米糠、黄豆汁、禽畜粪等含氮化合物为食用菌提供有机氮源。生产过程中使用尿素要注意,尿素经高温后容易分解成氨和氰化氢,使培养料的pH(氢离子浓度指数)升高,产生氨味,抑制食用菌菌丝生长,如栽培双孢蘑菇时,培养料中有尿素,但使用量应控制在0.1%~0.2%,不要过量。

有少数种类食用菌栽培时只能用有机氮,绝大多数食用菌栽培时除

可用有机氮外,还能用无机氮,比如硝酸盐、铵盐等。栽培时,铵态氮比硝态氮更易被菌丝吸收利用。在培养料中同时存在NO_3^-和NH_4^+时,绝大多数食用菌菌丝首先吸收NH_4^+。无机氮为唯一氮源时,菌丝生长缓慢,会出现不出菇的现象。

栽培食用菌的培养料中含氮量以0.016%~0.064%为宜,低于0.016%或高于0.064%都对菌丝生长及出菇不利。含氮量过高则菌丝徒长,出菇时间延长。

碳源、氮源是食用菌生长发育所需的主要营养。有机物中碳的总含量与氮的总含量的比值,被称为碳氮比。食用菌菌丝生长阶段需要的碳氮比以约20∶1为宜,子实体生长阶段需要的碳氮比以(30~40)∶1为宜。但也有例外,草菇栽培时碳氮比以(40~60)∶1为宜。碳氮比过高或过低,食用菌菌丝和子实体生长都受到影响。因此,栽培食用菌时要注意栽培料的碳氮比值是否合适。

3.无机盐

食用菌在生长发育中还需要一定量的无机盐营养。其中,对磷、钾、硫、镁、钠等元素的需求量较大,被称为大量元素,而对铁、钴、锰、锌、硼等元素的需要量甚微,被称为微量元素,没有特殊要求不必另外添加。这些无机盐的主要功能是参与细胞物质组成及酶的组成,维持酶的作用,控制原生质胶态和调节细胞渗透压等。因为秸秆、棉籽壳、稻草、木屑、畜粪等有机物质中含有矿物元素,使得这些有机物质基本能满足食用菌生长发育对无机盐的需求。

4.生长因子

食用菌生长发育不可缺少的重要微量元素被称为生长因子,包括B族维生素、氨基酸、核黄素等具有特殊生理特性的有机化合物,如维生素B_1、维生素B_2、维生素B_6、维生素B_{12}、烟酸、核苷等。生长因子是酶的重要组成成分,主要功能是参与细胞菌丝的代谢,能刺激和调节生长。当培养料中缺乏生长因子时,菌丝生长发育将会受阻,甚至不能出菇。有的食用菌种类能合成生长因子,有的食用菌种类不能合成生长因子,则必须添加。在马铃薯、麦芽、麸皮、米糠、酵母粉、玉米粉等原料中有含量较多的维生素等生长因子,因此用这些原料配制培养基时可不必再添加。但是维生素多数不耐高温,在120 ℃以上时容易被破坏。在对原料培养基进行灭菌处理时温度不要过高,时间不要过长。

三 食用菌生长发育的环境

食用菌和其他动植物一样,生长和繁衍受环境因素影响,主要影响因素有温度、水分与湿度、空气、光照和环境的酸碱度等,这些环境因素又被称为环境因子。每种食用菌只能在适宜的环境因子范围内生长和发育。如果某个环境因子或其组合超过了食用菌的耐受范围,食用菌的生长发育乃至生存就会受到影响。食用菌栽培的重要技术环节就是为食用菌的生长发育创造一个适宜的环境条件。

1. 温度

温度是影响食用菌生长发育的一个重要因素。在一定温度范围内,食用菌的代谢活动和生长繁殖随着温度的上升而加快。当温度升高到一定程度开始产生不良影响时,如果温度继续升高,食用菌的细胞功能就会受到破坏,甚至造成死亡。

各种食用菌生长所需的温度范围不同,每一种食用菌只能在一定的温度范围内生长。各种食用菌按其生长速度可分为三个温度界限,即最低生长温度、最适生长温度和最高生长温度。低于最低生长温度或超过最高生长温度,食用菌的生命活动就会受到抑制,甚至终结。因此,在食用菌的栽培过程中,可以通过对温度的调节,来控制食用菌的生长,抑制

或杀死有害杂菌,保证食用菌的稳产、高产。

食用菌的菌丝较耐低温,一般在0 ℃左右只是停止生长,并不会死亡。但耐低温能力因品种不同而有差异,如菇木中的香菇菌丝体即使在-20 ℃的低温下也不会死亡,但草菇的菌丝体在5 ℃时就会逐渐死亡。

2.水分与湿度

水分是食用菌细胞的重要组成部分,菌丝体和新鲜子实体中含水量超过90%。食用菌机体对营养物质的吸收与代谢产物的分泌都是通过水来完成的,机体内的一系列生理、生化反应都是在内环境中进行的。

食用菌生长发育所需要的水分绝大部分来自培养料。培养料的含水量是影响菌丝生长和出菇的重要因素,只有含水量适当时才能形成子实体。培养料的含水量可用水分在湿料中的质量百分含量来表示。一般适合食用菌菌丝生长的培养料的含水量在60%左右。在栽培过程中,因蒸发或出菇,培养料中的水分常会逐渐减少。因此,栽培期间必须向培养料中补充一定量的水分。此外,菇场或菇房中保持一定的空气相对湿度,可以防止培养料或子实体的水分过度蒸发。

食用菌的菌丝生长和子实体发育阶段所要求的空气相对湿度不同,大多数食用菌在菌丝生长阶段要求的空气相对湿度为65%~75%;子实体发育阶段要求的空气相对湿度为80%~95%。空气相对湿度过高或过低,对食用菌的生长发育都会产生不良的影响。如果菇房内空气相对湿度低于60%,平菇等子实体的生长就会停止;当空气相对湿度降为40%~45%时,子实体将不再分化,已分化的幼菇也会干枯死亡。但菇房内的空气相对湿度也不宜超过96%,因为菇房如果过于潮湿,易招致病菌滋生,也有碍子实体的正常蒸腾作用。菇房过湿,子实体也会发育不良,常表现为只长菌柄,不长菌盖,或者盖小肉薄。

3.空气

食用菌是好气性菌类,食用菌通过呼吸作用吸收氧气并排出二氧化碳。环境中的氧气与二氧化碳的浓度也是影响食用菌生长发育的重要因素。

大气中氧气的含量约为21%,二氧化碳的含量约为0.03%。过高的二氧化碳浓度会影响食用菌的呼吸活动,抑制菌丝的生长。如同样的双孢蘑菇菌丝体,在10%的二氧化碳浓度下的生长量只有其在正常空气中的40%。二氧化碳浓度越高,其生长速度越慢。这就是在食用菌栽培中经常采取通风换气措施的依据所在。当然,不同种类的食用菌对氧气的需求量是有差异的。有些食用菌能耐较低的氧分压。如糙皮侧耳(平菇)等3种侧耳菌菌丝体,在二氧化碳浓度为20%~30%(体积比)时的生长速度甚至比在正常空气条件下培养的还快30%~40%,只有当二氧化碳浓度积累到大于30%时,菌丝的生长速度才骤然下降。

在食用菌的子实体分化阶段,即从菌丝生长转到出菇阶段,微量的二氧化碳浓度(0.034%~0.1%)对双孢蘑菇和草菇子实体的分化是必要的。子实体形成后,子实体旺盛的呼吸对氧气的需求也急剧增加,这时0.1%以上的二氧化碳浓度对子实体就会有毒害作用。如双孢蘑菇菇房中的二氧化碳浓度大于1%时,往往导致菌柄长、开伞早等品质下降现象出现;当菇房中的二氧化碳浓度超过6%时,菌盖发育受阻,菇畸形,商品价值大大受损。灵芝的幼小子实体若在二氧化碳浓度为0.1%的环境中发育,一般不形成菌盖,菌柄分枝呈鹿角状。鹿角状的观赏灵芝就是在此条件下栽培形成的。

在食用菌栽培过程中,适时适量地通风换气,防止环境中二氧化碳积贮过多,是确保子实体正常发育的一项关键措施。在进行林地栽培时,应选择较开阔的场地做菇(耳)场,并砍除场内的杂草及低矮灌木,以利于场地通风。在进行室内栽培时,栽培室应设置足够多的换气窗。适当通风

还能调节空气的相对湿度,减少虫害和杂菌污染的发生,确保食用菌的高产和稳产。

4.光照

食用菌不需要直射光。在直射光下培养,不利于食用菌生长。食用菌的菌丝生长阶段不需要光线,但是大部分食用菌在子实体分化和发育阶段都需要一定的散射光。

根据子实体形成时期对光线的要求,一般可以将食用菌分为喜光型、厌光型和中间型三种类型。如香菇、草菇、滑菇等食用菌在完全黑暗的条件下不形成子实体,金针菇、平菇、灵芝等食用菌在无光环境中虽能形成子实体,但菇畸形,常只长菌柄,不长菌盖,不产生孢子。这类食用菌属于喜光型,其子实体只有在散射光的刺激下,才能较好地生长发育。厌光型食用菌在整个生活周期中都不需要光的刺激,有了光照,子实体反而不能形成或发育不良,如双孢蘑菇、茯苓等。这类食用菌可以在完全黑暗的条件下完成整个生活史。中间型食用菌对光线反应不敏感,不论有无散射光,其子实体都能够正常生长发育,如黄伞等。

光照对子实体的色泽也有很大的影响。光照不足时,草菇呈灰白色,木耳呈浅褐色。只有在光照度为250~1 000勒克斯(照度单位)的条件下,木耳才呈正常的黑褐色。

5.酸碱度

酸碱度会影响细胞内酶的活性及酶促反应的速度,是影响食用菌生长的因素之一。不同种类的食用菌菌丝生长所需要的基质酸碱度不同,大多数食用菌喜偏酸性环境,菌丝生长的pH为3~6.5,最适pH为5~5.5。大部分食用菌在pH大于7时生长受阻,在pH大于8时生长停止。但也有例外,如草菇喜中性偏碱的环境。

栽培食用菌时必须创造其能正常生长发育的酸碱环境条件。被食用菌利用的大多数有机物质在分解时,会产生一些有机酸,如糖类分解后常产生柠檬酸、延胡索酸、琥珀酸、醋酸、草酸等。这些有机酸的产生与积累可使基质的pH降低。同时,培养基灭菌后其pH也会略有降低。因此,在配制培养基时应将其pH适当调高,或者在配制培养基时添加0.2%的磷酸氢二钾和磷酸二氢钾作为缓冲剂。如果所培养的食用菌产酸过多,可添加少许碳酸钙作为中和剂,从而使菌丝生长在pH较适宜的培养基内。

第二章 食用菌菌种生产技术

对于食用菌的生产来说,菌种相当于农作物生产中的"苗"。食用菌菌种质量的优劣,直接影响栽培的成败、产量的高低及产品质量的优劣。因此,生产和保藏好优良的菌种是食用菌生产中一个极其重要的环节。菌种的优良特性主要体现在两个方面:一是种性好、高产、优质、抗逆性强;二是纯度高,未被病虫害感染。

第一节 食用菌菌种制作

一、菌种的生产程序

菌种的生产程序通常分为母种、原种和栽培种三个层次,也就是通常所说的一级、二级、三级菌种。其中,母种的分离选育技术性强,一般由专业制种单位制作,而原种和栽培种的制作则比较简单。图2-1是菌种的繁育示意图。

图2-1 母种繁殖成栽培种示意图

1.母种

它是科研单位采取孢子分离、组织分离、基内菌丝分离、杂交等方式培育出的优良纯种,经过生产试验确认后,在试管斜面培养基上培养的菌丝体。母种一般数量少、纯度高,不直接用于生产,需要逐级扩繁。已有一定培养技术的菇农也可以自己分离、培养母种,但一定要请相关部门鉴定,切忌盲目扩繁用于栽培。

2.原种

将母种转接扩大到一些较大的培养瓶内的营养基质上,经过培养而得到的菌种。其数量较少,成本也高,需要进一步扩繁培养。它也是菇农购买的主要种源。

3.栽培种

由原种进一步扩繁而成,是实际大规模生产的种源。菇农购进原种后,因数量有限需要按照自己的生产规模进行扩繁,扩繁后的菌种即是栽培种。

二 母种的分离

母种可以采用人工选择的方式分离培育,具体操作步骤与方法如下:

1.配制母种培养基

常用的母种培养基是马铃薯葡萄糖琼脂培养基,又叫PDA培养基(Potato Dextrose Agar Medium)。常用配方为:马铃薯200~250克,琼脂15~20克,葡萄糖20~25克,清水1 000毫升。此外,也可以另加硫酸镁1~1.5克,维生素B$_1$微量,磷酸二氢钾2~3克。先将马铃薯洗净去皮,切成薄片,置于烧杯(或铝锅)内加水煮沸30分钟,捞起后用4层纱布过滤,取汁;再将琼脂加入汁内,边加热边搅拌,让琼脂充分溶解;然后将葡萄糖等加入,并补水至1 000毫升;稍煮几分钟后,同样用4层纱布过滤,取其汁液。

将汁液趁热装入玻璃试管内,装至管长的1/5,管口用棉花塞塞紧。或将汁液装入玻璃三角瓶内,装量为20毫升。然后置于高压锅内,在98~108千帕的压力(指高于标准大气压,后同)下灭菌30分钟左右。灭菌后及时取出,趁热将试管斜排于桌上,冷却后即成为固体斜面培养基。

2.采集种源

选择有八成熟、朵形圆正、肉质肥厚、无病虫害的优良菇体作为种源,采集1~2朵装入灭菌纸袋,带回接种箱进行消毒。

3.母种分离方法

(1)孢子弹射法

将种菇表面消毒、吸干水分后,将菇体悬挂于装有琼脂培养基的三角瓶内,让菇体内的孢子自然散落在培养基上萌发菌丝。也可以剪取一小块菇体,贴附在试管斜面培养基表面,让孢子散落在培养基上萌发菌丝,即能获得母种。

(2)组织分离法

将消毒过的种菇,在接种箱内用手从菌柄处对半掰开,或用刀片切开,使菇体成对开状。在菌盖和菌柄交界处或菌褶处,用接种刀切取一小块菇体,然后切成5毫米×10毫米的小薄片,用接种针挑取一块薄片,接入斜面培养基的中央。每支试管接种一小块薄片,待其萌发菌丝,即可得到母种(图2-2)。

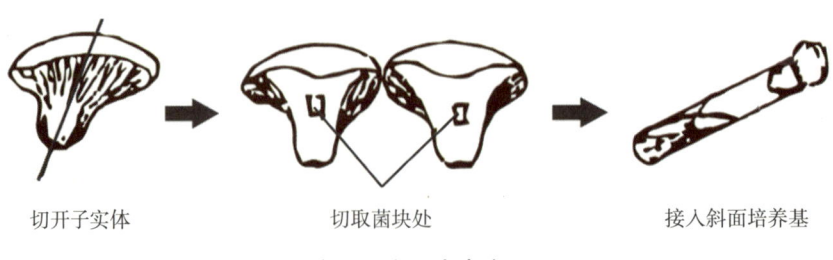

图2-2 组织分离法

用组织分离法分离母种,在割取组织块时不要贪大,因为组织块越小越易于萌发定植,也不容易被污染,可提高分离的成功率。另外,不同食用菌的子实体割取的部位也不同。双孢蘑菇的割取部位以菌褶上部连带一点菌盖为好,草菇以割取近菌盖的菌柄部位为好,香菇以割取与菌柄交界处的菌盖部位为好,平菇以割取菌柄上部的组织为好。总之,以上这些部位属于子实体的生长点,适应性强、发育快,容易定植在培养基上并蔓延生长。

4.适温培养

通过上述不同方式将菌种分离接种于试管后,要及时将试管移入已消毒的培养箱或培养室内培养,一般培养温度须控制在25 ℃左右,使分离获得的孢子或菌丝在适温下发育。一般孢子弹射3~4天后萌发成菌落,10天后菌丝可长满试管。组织分离接种后2~3天,菌丝即萌发,并在培养基上蔓延生长。

5.选育提纯

通过上述方法得到的菌丝,不一定都是优质的,还需要选育提纯。因此,在菌丝萌发后,要认真观察,挑选色泽纯、健壮、长势正常、无间断的菌丝,在接种箱内连同培养基一起钩取菌丝,接入另备的试管培养基上。在23~25 ℃的恒温条件下,培养7~10天,待菌丝长满试管后,再进行观察,从中择优取用,即为"母代"母种。

6.转管扩接

"母代"母种可以转管扩接成"子代"母种。采用同样的斜面培养基,每支可扩接为30~50支"子代"母种。生产上供应的多为"子代"母种。它们可以再次转管扩接,一般每支可扩接为20~25支"子代"母种,但转管次数不得超过5次。

7.出菇试验

分离选育的母种还必须进行出菇试验。方法是:把母种接种于瓶或袋装的木屑培养基上,根据各种菇、耳种性对温度的要求,进行适温培养,直至出菇才证实其可用于生产。

三 原种的繁殖培养

将母种接在瓶或袋的木屑培养基上,通过培养,即成原种。

1.制作培养基

原种棉籽壳木屑培养基配方:棉籽壳30千克,木屑50千克,麦麸15千克,复合肥1千克,水135千克。将上述原、辅材料按比例混合拌匀,分批装入750毫升的玻璃菌种瓶内,装料要求下松上紧。瓶口用棉花塞塞紧,再用牛皮纸包住瓶颈与棉塞,然后置于高压灭菌锅内,在147千帕压力下灭菌2~2.5小时,也可进行常压灭菌,在100℃下保持10~11小时。达标后趁热取出,让其冷却。

2.接入菌种

待料温降为25℃以下时,在灭菌条件下,将试管种分割成若干块,通过酒精灯火焰上方(周围)迅速接入原种培养基上(图2-3)。每支母种可转接为4~6瓶原种。

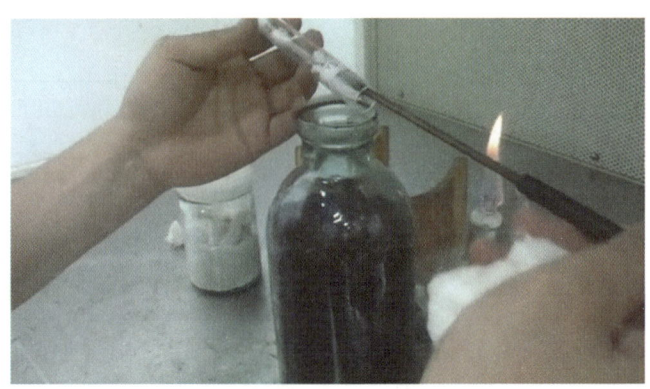

图2-3 原种接种

3.发菌培养,去杂选优

接种后应及时将玻璃菌种瓶移入25 ℃菌种培养室内进行培养。培养室空气相对湿度应控制在70%以上,并避免强光照射。

原种培育过程中,要每天进行观察,如发现有杂菌污染的,则应立即淘汰。原种培养时间一般需要30~50天。

四 栽培种扩大培育

栽培种的接种、培育方法与原种相似。就是用原种作为菌种快速扩繁,每瓶原种可扩繁为50~80瓶。原种表面菌膜不能用来接种,接种时应将其剔去。在适温条件下培养30~35天即可成为栽培种,可用于生产栽培。栽培种可用750毫升菌种专用瓶盛放。由于栽培种使用量大,也可以采用聚丙烯菌种袋扩繁,菌种袋可选用14厘米×28厘米、17厘米×33厘米等不同规格。接种后,置于合适环境中培育,当菌丝长满瓶/袋、尖端菌丝反转上爬1~3厘米时,即为适龄的栽培种。

五 消毒与无菌操作

在自然界中,空气、水、土壤、动植物体以及各种物品上都存在大量的微生物。在制备食用菌菌种的过程中,需要用有效的方法抑制其他微生物的生长,创造有利于食用菌生长的环境条件。

在食用菌菌种生产中,接种室、接种箱、培养室等都需要消毒。消毒就是指用物理或化学的方法,杀死物体表面上的部分微生物,使之不再危害食用菌的生长发育,并可防止病虫害传播。如接种室要在接种前进行消毒杀菌,先把所有接种工具及菌种、待接种的菌棒放入密闭空间内,用气雾消毒剂熏蒸2小时以上。

菌种制作过程中,培养基、培养料、接种工具及其他用具都必须经过灭菌后才能使用,以免其上面存在的杂菌污染食用菌菌种。灭菌就是指杀灭物体内外的一切微生物。如PDA培养基配制完毕后,放入高压蒸汽灭菌锅内,在103千帕压力下灭菌30分钟,可以杀灭PDA培养基内的一切微生物。

下面介绍几种常用的无菌操作设备和设施。

1.高压灭菌锅

它是供袋料灭菌的设备,有手提、立式、卧式等不同种类(图2-4、图2-5)。一般由外锅、内锅、压力表、排气阀、安全阀等部件构成(图2-6)。

图2-4 手提式高压灭菌锅

图2-5 立式高压灭菌锅

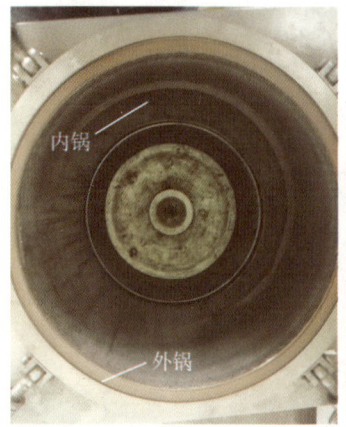

图2-6 结构部件

2.常压灭菌灶

常压灭菌灶是用水泥、砖和钢筋等建造的(图2-7)。灭菌灶的容量不宜过大,一般灶高2米、长2米、宽1.2米,分上、下两部分。下半部为灶位,安放铁锅1~3口,上半部为蒸仓。

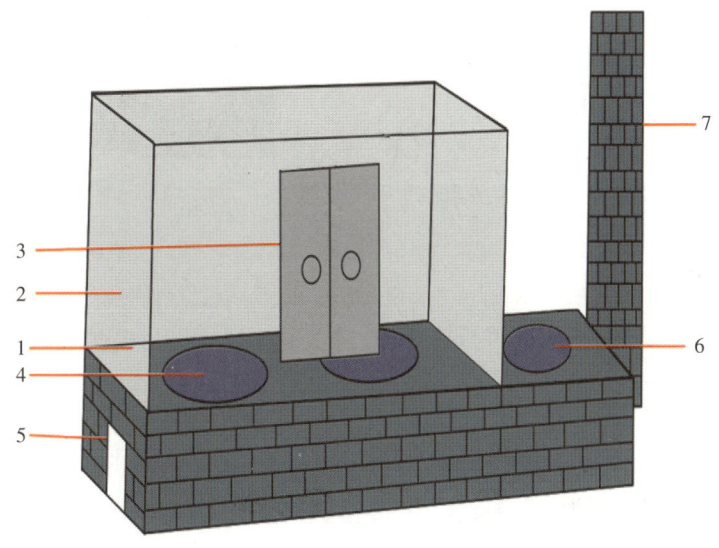

1.炉灶　2.蒸仓　3.仓门　4.铁锅　5.灶口　6.蓄水锅　7.烟囱

图2-7　常压灭菌灶示意图

3.接种箱

即供菌种分离、移接的专用操作箱。接种箱(图2-8)一般为木质结构,镶嵌玻璃,要求封闭严密,便于熏蒸消毒。生产中多采用长120厘米、宽90厘米、高70厘米的双人操作箱。箱上层两侧框架中安装玻璃;箱前后分别开直径为15厘米的两个圆洞,洞口上装有40厘米长的布袖套;箱顶内侧安装一只紫外线灯和一只日光灯(图2-9)。

图2-8 接种箱示意图

图2-9 接种箱实物内部

4.酒精灯

接种操作中经常用到酒精灯,它的火焰分为焰心、内焰和外焰三部分(图2-10)。一般情况下,酒精灯内焰和外焰的平均温度都超过500℃,在其周围的空间内,微生物几乎无法生存。因此,在接种过程中,如果将菌种的菌丝体团块经过酒精灯外焰附近转移到别的菌种瓶内,其操作基本是在无菌条件下进行的。

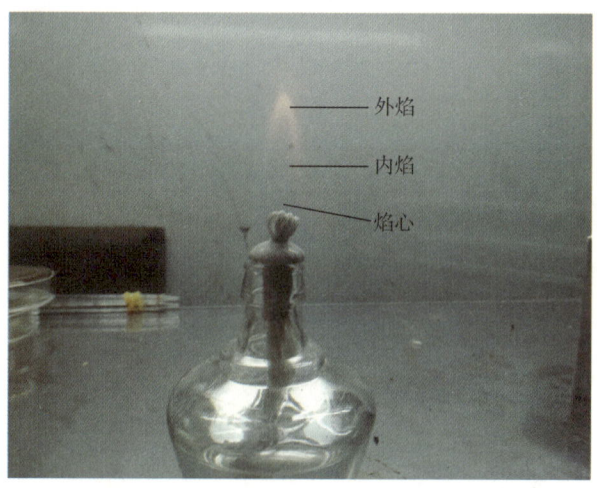
图2-10 酒精灯的火焰

六 菌种的质量评定

在食用菌的生产过程中,菌种质量的好坏直接影响食用菌的生产。掌握食用菌菌种的质量评定方法对菇农从事食用菌生产是至关重要的。

1.优良菌种应具备的特征与特性

①菌丝洁白,有光泽,分枝浓密,绒毛状菌丝多,很少出现索状菌丝。

②香气很浓,烘干后也有香气。

③无可疑杂菌。

④菌丝生命力强,具有抗逆性强、高产、优质等特点。

2.简易目测标准

根据以上优良菌种的特征与特性,我们就可以采取一些简易的目测方法来评定菌种质量。食用菌菌种的质量可以从食用菌菌落的外观进行判断:优良菌种的菌落应颜色纯正一致,长满培养基的表面,菌丝在培养过程中生长均匀,无萎缩、倒伏状。如出现萎缩、倒伏或生长不均匀等现象,说明菌丝已老化、退化,应进行复壮。若菌落颜色不一致,出现杂色,表明菌种已被污染,应进行提纯或弃之不用。另外,简易的菌种目测标准也会因不同的食用菌而有所不同。以下是几种常见食用菌的菌种目测标准:

(1)平菇

菌丝密集、洁白,呈绒毛状,爬壁能力强,分布均匀,为优良菌种。若菌种上部菌丝浓密,但菌丝顶端长期不往下生长,且菌丝与培养料形成明显的分界线,是培养料过湿或过紧所致,不宜再继续培养,应尽快使用。若菌丝柱收缩而离开瓶壁,瓶内有棕黄色积液,则为老化菌种,不宜使用。

(2)香菇

菌丝洁白、舒展、均匀,呈绒毛状,生长健壮,分泌酱油色的液体,为优良菌种。若菌丝皱缩并离开瓶壁,表面的菌被变褐色,则为老化菌种,不

宜使用。

(3)双孢蘑菇

菌丝呈灰白色、密集，呈细绒状，上下均匀，没有黄白色的厚菌被，没有生长极快的扇形变异，有蘑菇特有的香味，为优良菌种。若菌丝生长呈粗索状、淡黄色，或菌丝萎缩，则为过湿且较老化的菌种，不宜使用。

(4)草菇

菌丝密集且分布均匀，呈淡灰色透明状，有大量红褐色的厚坦孢子，为正常的小粒草菇菌种。若厚坦孢子较少，为大粒草菇菌种。若菌丝萎缩，为较老化的菌种，不宜使用。

(5)猴头菇

菌丝洁白、粗壮，上下分布均匀，在培养基上方易产生子实体原基，为正常菌种。若菌丝柱收缩离开瓶壁，瓶底有黄色的积液，为老化菌种，不宜使用。

(6)木耳

菌丝呈灰白色且粗壮，生长较快，全瓶生长均匀，为正常菌种。若瓶底积满淡黄色液体，为老化菌种。若培养基与瓶壁之间出现淡黑色芽儿，说明为早熟品种或转管次数过多的菌种。如果用其栽培，则虽然能出耳，但耳片数目多，不易长大，故不宜使用。

第二节 食用菌菌种保藏

菌种是重要的生物资源，也是食用菌生产首要的生产资料。一个优良的菌种被选育出来以后，必须保持其优良性状不变或尽可能地少变、慢变，才不至于降低生产性能，以便长期在生产中使用。因此，菌种保藏在食用菌生产上具有重要的意义。

一 菌种保藏原理

菌种保藏的方法有很多,但原理大同小异。首先要挑选优良纯种,如微生物的孢子、芽孢及营养体;其次,根据其生理、生化特性,人为创造低温、干燥或缺氧等条件,抑制微生物的代谢作用,使其生命活动降到极低的程度或处于休眠状态,从而延长菌种生命,使菌种保持原有的性状,防止变异。不管采用哪种保藏方法,在菌种保藏的过程中要求其不死亡、不被杂菌污染和不退化。

二 菌种保藏的方法

1.低温定期移植保藏法

将需要保藏的菌种接种在适宜的斜面培养基上,适温培养,当菌丝健壮地长满斜面时取出,放在3~5 ℃的低温干燥处或4 ℃的冰箱、冰柜中保藏,每隔4~6个月移植转管1次,具体应根据菌种特性决定。保藏时要注意环境温度不能太高,以防霉菌通过棉塞进入管内。因此,若使用棉塞,可用干净的硫酸纸或牛皮纸包扎棉塞,既可减少污染机会,也可防止培养基干燥。除草菇菌种外,其他食用菌菌种都能采用此法保藏。

2.液状石蜡保藏法

取化学纯的液状石蜡(要求不含水分、不霉变)装于三角瓶中加棉塞并包纸,在100千帕压力下灭菌1小时,再放入40 ℃恒温箱中数天,以蒸发其中水分,至液状石蜡完全透明为止。将处理好的液状石蜡移接在空白斜面上,在28~30 ℃的温度下培养2~3天,证明无杂菌生长后方可使用。用无菌操作的方法把液状石蜡注入待保藏的斜面试管中,注入量宜高出培养基斜面1~1.5厘米,然后塞上橡皮塞,用固体石蜡封口,直立于干燥处或冰箱内保藏。一般可保存1年以上,在低温下保存时间还可延长。

3.沙土管保藏法

取河沙用水浸泡洗涤数次,过60目筛子筛除粗粒,再用10%盐酸浸泡2~4小时,除去其中的有机物质,然后用水冲洗至流水的酸碱度达到中性,烘干备用。同时取贫瘠土或菜园土用水浸泡,使其呈中性,沉淀后弃去上清液,烘干碾细,用100目筛子过筛。将处理好的沙与土以(2~4):1的比例混匀,用磁铁吸出其中的铁质,然后分装到小试管或安瓿瓶内。每管装入0.5~2克,塞上棉塞,用纸包扎灭菌(150千帕,1小时),再干热灭菌(160℃,2~3小时)1~2次。进行无菌检验合格后备用。将已形成孢子的斜面菌种,在无菌条件下注入无菌水3~5毫升,刮菌苔,制成菌悬液,再用无菌吸管吸取菌液,滴入沙土管中,至浸透沙土为止。将接种后的沙土管放入盛有干燥剂的真空干燥器内,接上真空泵抽气数小时,至沙土干燥为止。真空干燥操作需在孢子接入后48小时内完成,以免孢子发芽。制备好的沙土管用石蜡封口,在低温下可保藏2~10年。

4.滤纸片保藏法

取白色(收集深色孢子)或黑色(收集白色孢子)滤纸,剪成4厘米×0.8厘米的小纸条,平铺在培养皿中用纸包裹进行灭菌(100千帕,30分钟)。采用钩悬法收集孢子,让孢子落在滤纸条上。将载有孢子的滤纸条放入保藏试管中,再将保藏试管放入干燥器中1~2天,除去滤纸水分,使滤纸水分含量稳定在2%左右,然后低温保藏。

5.自然基质保藏法

(1)麦粒保藏法

取无瘪粒、无杂质的小麦淘洗干净,浸泡12~15小时,加水煮沸15分钟,继续热浸15分钟,使麦粒胀而不破,沥干水后摊开晾晒,使麦粒的含水量稳定在25%左右。将碳酸钙、石膏拌入熟麦粒中(麦粒、碳酸钙、石膏的比例为10千克:133克:33克),拌和均匀后装入试管中,每管装2~3克,然后清洗试管，塞上棉塞，灭菌(150千帕，2小时)。经无菌检验合格后备用。试管基质冷却后接种，适温培养，待菌丝长满基质后用石蜡涂封棉塞，低温保藏。每两年左右转接1次。

(2)麸曲保藏法

取新鲜麸皮，过60目筛子筛除去粗粒。将麸皮和自来水按1:1的比例搅拌均匀，装入小试管，每管约装至1/3高度，加棉塞用纸包扎，高压灭菌(150千帕，30分钟)。经无菌检验合格后备用，将生长在斜面PDA培养基上的健壮菌种，移种至无菌麸曲管中。移种时注意尽量捣匀小试管中的麸皮，使其呈疏松状态，在适温下培养至麸皮上长满菌丝为止。将麸曲小试管置于干燥器中，在低温或适温下保藏。

6.生理盐水保藏法

取纯氯化钠0.7~0.9克，放入100毫升蒸馏水中，搅拌均匀分装入试管，每管装5~10毫升，进行灭菌(100千帕，30分钟)。经无菌检验合格后备用。将待保藏的菌种接入马铃薯葡萄糖液体培养基中适温振荡培养5~7天。以无菌操作方式吸取少许培养菌种注入经检验合格的生理盐水试管中，塞上无菌橡皮塞，用石蜡涂封，在室温或低温下保藏。

7.冷冻真空干燥法

将已培养、生长丰富的菌体或孢子悬浮于灭菌的血清、卵白、脱脂奶制成的菌悬液中，将悬液以无菌操作方式分装于灭菌的玻璃安瓿瓶中，每管装0.3~0.5毫升，然后用耐压橡皮管与冷冻干燥装置连接，安瓿瓶放在温度为-40~-30℃的冷冻槽中迅速冷冻，并在冷冻状态下抽空干燥，在真空状态下熔封安瓿瓶。在-20℃的低温下保藏，一般可保藏10年以上，但成本较高。

8.液氮超低温保藏法

首先，将要保藏的菌种制成菌悬液备用；其次，准备安瓿瓶，每瓶加入

0.8毫升冷冻保护剂——10%(体积比)甘油蒸馏水溶液,塞棉塞灭菌(100千帕,5分钟)。无菌检验后,接入要保藏的菌种。火焰熔封瓶口,并检查是否漏气。将封好口的安瓿瓶放在冻结器内,以每分钟下降1℃的速度缓慢降温,使保藏品逐步均匀地冻结,直至-35℃,以后冻结速度就不需人为控制。安瓿瓶冻结后立即放入液氮罐内,在-196~-150℃保藏。该法只适合少数科研院所使用。

第三章 食用菌优质高效栽培技术

食用菌种类多样，特性各异。只有经过栽培管理，生产出大量的食用菌产品，供人们享用，才能彰显出它们的食用价值、药用价值和经济价值。因此，掌握食用菌栽培技术非常重要。

食用菌依据其生长习性可分为木腐型和草腐型。木腐型食用菌是以木质材料为主要原料、分解木质素能力较强的一类食用菌，如香菇、平菇、黑木耳和金针菇等。木腐型食用菌的栽培方式分为段木栽培和代料栽培。草腐型食用菌是以秸秆类物质为主要原料、分解纤维素能力较强的一类食用菌，如双孢蘑菇、草菇、鸡腿菇和竹荪等。

近年来，食用菌栽培主要发展的就是袋栽模式，使用代料栽培。所谓"代料"，是指用各种农林废弃物的有机物代替段木栽培木腐型食用菌。代料栽培食用菌优质高效，不仅可以保护森林，而且具有生产周期短、生物学效率高、便于工厂化生产等优点。生物学效率是指食用菌鲜重与所用的栽培料干重之比，常用百分数表示。如100千克干料生产出80千克新鲜食用菌，则这种食用菌的生物学效率为80%，生物学效率也称为转化率。利用农林业的秸秆、枝杈及酿造工业的副产品栽培食用菌，还可以减少环境污染。所以，人们常说食用菌生产是个"一箭三雕"的产业：一是生产食用菌产品；二是减少了秸秆的剩余量，避免了焚烧秸秆造成的环境污染；三是栽培产生的菌渣可以用来生产有机肥，代替化肥，促进了有机农业的发展。

第一节 平 菇

一、生物学习性

1. 平菇的形态特征

平菇又称侧耳,也叫糙皮侧耳、北风菇、冻菇、蚝菇,属于大型菇。

平菇的生长发育可分为菌丝体(图3-1)和子实体(图3-2)两个阶段。菌丝体为其营养体。子实体是其繁殖体,即平菇的食用部分。子实体常丛生或叠生,单生的较少见。菌盖初为圆形、扁平,成熟后依品种不同,发育成扇状、漏斗状、贝壳状等形状。菌盖表面有不同色泽,前期较深,后期较淡。平菇的菌褶一般延生,长短不一,通常为白色,少数种类稍带淡褐色或粉红色。菌柄侧生或偏生于菌盖的下方,与菌肉相连,无菌环,白色,中实,肉质或稍具纤维质。

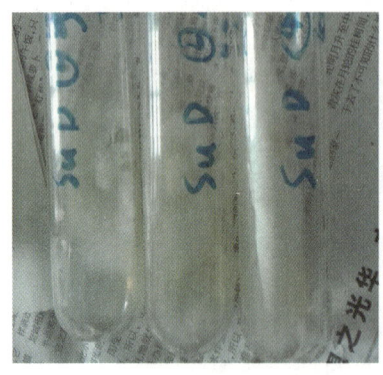
图3-1 平菇的菌丝体形态

图3-2 平菇的子实体形态

2. 平菇的生活条件

平菇的生长需要合适的营养、温度、水分与湿度、光照、空气、酸碱度等。

(1) 营养

平菇是一种木腐菌,分解木质素、纤维素能力很强。它能利用多种碳源,如醇、糖、淀粉、半纤维素、纤维素、木质素等。这些碳源均可以从蔗糖、棉籽壳、玉米芯、作物秸秆、木屑中获得。平菇所需要的氮源主要有蛋白质、氨基酸、尿素等。平菇生长过程中还需要少量的维生素和无机盐。在人工栽培平菇时,可以加入麸皮、米糠、玉米粉、碳酸钙、磷酸氢二钾、尿素等。

(2)温度

平菇属低温型真菌。平菇菌丝生长温度为4~33 ℃,最适温度为24~28 ℃;子实体形成温度为6~28 ℃,最适温度为12~18 ℃(不同生态类型的种类有明显的差异)。变温刺激有利于子实体形成。孢子形成的温度为5~30 ℃,最适温度为13~14 ℃,其萌发温度为13~28 ℃。

我国幅员辽阔,各地气候差异很大。种植平菇应根据当地气候、平菇种性以及栽培方式而定。平菇的播种季节可根据栽培品种的温型、当地气候特点来推算。先确定产菇的开始时间和结束时间,然后在产菇开始时间的基础上往前推约40天(发菌所需时间),再根据种植地气候特点、栽培方法,就可以推算播种的具体时间。平菇的播种季节一般为:秋栽在9—11月份,北方早于南方;春栽在2—4月份,南方早,北方迟。

(3)水分与湿度

在平菇菌丝生长阶段培养料中的水分以60%左右为宜,而空气相对湿度应保持在70%左右。在子实体生长发育阶段,空气相对湿度要求为85%~95%。空气相对湿度若低于80%,则子实体发育缓慢、易干枯;若高于95%,菌蕾、菌盖易软化腐烂。

(4)光照

平菇菌丝生长不需要光线,光对菌丝生长有抑制作用;而子实体生长需要有散射光刺激,光照度以50~3 500勒克斯为宜。

(5)空气

平菇是好气性真菌,需要新鲜的空气。菌丝生长阶段,若通气不良,则菌丝生长缓慢或停止。出菇阶段,若氧气不足,则菌柄细长,菌盖又薄又小,畸形菇多。因此,栽培时,要给平菇以足够的新鲜空气。

(6)酸碱度

平菇喜偏酸性环境,最适pH为5.5~6,一般pH在3~10范围内均能生长。在栽培时,加入2%~3%石灰粉,可以抑制培养料中杂菌的生长,而平菇在偏碱性范围内也能生长。随着平菇菌丝生长,环境pH逐渐降至微酸性。

二 栽培管理

平菇栽培有多种方式。依栽培原料处理方式不同,可分为生料栽培、发酵料栽培和熟料栽培等,依装料方式不同,主要分为袋料栽培和畦床栽培。

生料栽培:栽培原料不需灭菌,直接装袋接种。

发酵料栽培:栽培原料不需灭菌,但要经过建堆发酵后装袋接种。

熟料栽培:栽培原料经过灭菌后装袋接种。

袋料栽培:将料装入塑料袋内进行培养。

畦床栽培:将栽培料铺成畦床状进行接种培养。

从用工成本、难易程度、生产效果等方面看,目前被菇农普遍接受的平菇栽培方式是发酵料栽培和塑料袋熟料栽培。下面着重介绍这两种平菇栽培方式。

1.栽培料的配方

农林业的废弃物及工业的副产品可以用作原料进行食用菌生产。前者有棉籽壳、玉米芯、稻草、麦秸等,后者有甘蔗渣、中药渣、酒糟等。

棉籽壳不仅含有丰富的纤维素、木质素,同时还含有少量的氮、磷、钾等元素,营养丰富,用其栽培平菇产量高、质量好,故被广泛采用。棉籽壳应选新鲜、无霉变、干净、棉仁含量少者为好,使用前应在太阳下曝晒2~3天。

玉米芯也是栽培平菇等食用菌的极好原料。整个玉米芯需要粉碎成黄豆粒大小的颗粒,方可用于生产。由于玉米芯易干燥,特别是经粉碎的玉米芯,既干又硬,在配制培养料时,一定要先将玉米芯预湿,使其含水量达到饱和状态。一般用1%~2%的石灰水将玉米芯浸泡12小时左右,让其充分吸水后捞出,再加入其他辅料混合均匀。

麦秸和稻草是农业生产中来源极为丰富的副产品,均可以用于平菇栽培。但它们可被利用的营养物质含量较低,物理结构不够理想,因此在使用之前应进行碾压、粉碎处理,并适当地添加些麸皮、米糠、玉米粉、石膏粉、过磷酸钙、硫酸镁、尿素、蔗糖等物质。

甘蔗渣是制糖业的副产品。我国南方很多省份盛产甘蔗,甘蔗渣资源丰富。甘蔗渣含有丰富的纤维素、木质素、单糖和其他成分,能够满足平菇生长发育对养分的需要,因此,甘蔗渣也是栽培平菇的好原料。

具体配方见表3-1。

表3-1 平菇栽培的主要配方

配方号	成分
1	棉籽壳93%、麸皮5%、石膏粉1%、蔗糖1%,另加克霉灵(美帕曲星)0.1%;料水比为1∶1.2
2	玉米芯85%、麦糠10%、麸皮5%,另加克霉灵0.1%、石膏粉1%;料水比为1∶1.2
3	玉米芯85%、麸皮10%、过磷酸钙1.5%、石灰粉3%、尿素0.5%;料水比为1∶(1.5~1.6)
4	玉米芯61%、杂木屑10%、豆秸10%、麸皮10%、米糠2%、过磷酸钙1%、石灰粉5%、蔗糖0.5%、尿素0.5%;料水比为1∶(1~1.6)
5	玉米芯60%、豆秸11%、花生秸11%、麸皮10%、玉米粉1%、过磷酸钙1.5%、石灰5%、蔗糖0.5%;料水比为1∶(1.55~1.65)
6	棉籽壳53%、玉米芯40%、麸皮5%、石膏粉1%、蔗糖1%,另加克霉灵0.1%;料水比为1∶1.2

2.发酵料栽培

平菇发酵料栽培具有生料栽培的工艺简单、投资少和熟料栽培的安全可靠等特点,只要掌握了发酵技术,就可以在少消耗能源、不增加灭菌设备的前提下,以任意规模堆积发酵。发酵料堆积时产生的高温能杀死料中大部分杂菌、害虫,而且经发酵后的培养料更利于平菇菌丝发菌,所以利用发酵料栽培是平菇轻简化生产的重要发展方向。制作好平菇发酵料,应掌握以下几个重要环节。

(1)拌料建堆

建堆场所最好是紧靠菇房的水泥地面,并且排水良好,避风向阳,水源干净、便利。建堆时,先将料混合均匀,加足水分至培养料含水量为65%~70%(将发酵过程中的水分损失计入其中),然后将其堆成堆,宽1~1.3米,高1~1.5米,长度不限。料堆四周尽可能陡一些,建堆时将料抖松抛落。建堆后,用木棒(直径5厘米左右)在料堆上插通气孔,每隔20厘米插一孔,以利通气发酵,然后用塑料薄膜或草帘、稻草等覆盖。

(2)适时翻堆

平菇发酵多在春、秋季节堆制,建堆后48~72小时待料温升至65℃时应进行翻堆。发酵期间翻三次堆(上翻下、内翻外),在第三次翻堆后加入克霉灵搅拌均匀即可。翻堆时必须将料抖松,以增加料中含氧量,同时把堆中心的料翻出来,四周的料翻入中心,以便培养料均匀发酵。全部发酵过程为6~8天,翻堆3~4次。时间不应过长,否则会消耗大量养分。当然,时间太短则发酵不充分,达不到发酵目的。

(3)发酵料质量的检查

在预定时间内(建堆48小时左右)若能正常升温,即料温超过60℃,开堆时可见适量白色菌丝,表示含水适中、发酵正常。若建堆后迟迟达不到60℃,可能是因为培养料过紧、过实或未插通气孔等而造成堆料通气不良,不利于放线菌生长繁殖。遇此情况应及时翻堆,将料堆摊开晾晒或增加干料至含水适量,再重新建堆发酵。如果堆料升温正常,但开堆时培养料呈白化现象,说明水分散失过多,可加80℃以上的热水拌匀后重新发酵。发酵好的料有芳香味,pH为6.5~7。

(4)装料接种

平菇是一种好氧性较强的大型真菌,如果氧气不足,会造成袋内缺氧,导致菌丝生长慢且易感染杂菌。因此,需要给菌丝生长创造良好的条件,即给菌袋大量供氧。具体做法:栽培袋规格选28厘米×45厘米,采用两头出菇的方法,装4层料接5层菌种,接种量为15%~20%,边装边压实。装满扎口后,在袋表面扎若干孔便于通气。

3.塑料袋熟料栽培

平菇熟料栽培技术是目前平菇生产的主流技术,即将培养料装入(21~24)厘米×40厘米低密度聚乙烯或高密度聚丙烯塑料袋中,经灭菌、无菌接种、发菌和出菇管理等环节栽培平菇。

这种栽培方法有很多优点:原料的利用范围广,如棉籽壳、农作物秸秆、木屑等均可利用,只要合理配方都能高产;不受季节的限制,只要选择了合适的品种,可以实现周年栽培;由于采取无菌方式制作菌包,大大降低了发菌阶段的杂菌污染与虫害风险;在配方中加入一些营养元素,达到稳产、高产的目的。

4.发菌管理

将接种后的料袋搬进消毒过的发菌室或塑料大棚中发菌。若在大棚内发菌,码堆前堆底可用稻草、木板或砖垫起,把袋横向平放在稻草、木板或砖头上。码放的堆高视气温的高低而定,高于18℃,以堆高70厘米为宜;气温在10℃左右时,堆高可为1.2米左右。温度低时,堆上最好覆盖塑料薄膜保温。如果采用层架式菌床发菌,则可以更充分地利用空间,如床

宽35厘米,层距50~80厘米,每层可放5~8层塑料袋。若在大棚中发菌,应注意加盖草帘遮光。发菌期间,要严密注意堆温的变化,一般在码堆发菌的第三天,料温可以高出气温4~8℃,因此每3~5天要翻堆1次,让菌袋位置上下、内外对调,以使发菌均匀。若袋内温度超过30℃,要散堆降温或翻堆,否则料温过高会造成"烧菌"。温度偏低,菌丝虽然长得慢,但菌丝生长健壮,杂菌污染少。在室温20~22℃时,一个月左右即可长满袋。在发菌期间,还应注意大棚通风,湿度不可过大。

料袋在温室内具有保温性能好、发菌快等特点,但若管理不当,易造成杂菌感染和"烧菌"。正如菇农们说的"能否成功在发菌,产量高低在管理"。因此,搞好发菌期管理是取得稳产、高产的重要基础。必须创造环境温度20~25℃、空气相对湿度65%~75%的条件进行发菌。在室内发菌,气温低时,菌袋可堆高5~7层;气温高时,可堆高2层或单层摆放。菌袋总体积应控制在有效空间的20%左右。10天翻1次菌袋,翻袋时应注意把上、下层翻到中间,中间的翻到上、下层,同时要将每个菌袋翻转180°。如菌袋内温度上升到35℃,则要及时翻袋,并同时打开门窗通风散热,以防"烧菌"。精心管理25~30天即可发好菌丝,其标准:一拍即响,菌丝浓白,手掰成块,大多数菌袋出现菇蕾。

5.出菇管理

菌丝长满袋后,再经过一段时间,袋内出现大量黄色水珠,这是出菇的前兆,此时应将菌袋移入菇棚,刺激出菇。当菌袋两端出现小菇蕾(原基)时,应解开袋口,拔去通气塞或将菌袋两头松开,将塑料袋口翻卷,露出料面。适量通风,以供给菇蕾新鲜空气,并每天向地面、墙壁、空间喷少量雾状水,空气相对湿度应保持在85%~90%。温度低时,子实体易干,会损失料内水分,影响出菇的产量。湿度过大,子实体容易腐烂,因此喷水时切记不要直接喷洒在子实体上面。随着菇体的生长,要适当加强通风。

注意经常开门及撩起棚四周的遮阳网和草帘,增加棚内氧气(最好是喷水的同时通风换气),给予散射光,但不要被阳光直射。

为刺激出菇,提高产量,通常采取以下两种方法。

(1)温差刺激法

在平菇小菇蕾开始出现后,每天给予7~12 ℃的温差刺激,可促使出菇提早,子实体发育整齐。具体方法:白天盖膜保温,晴天傍晚或早晨揭膜露床,通过降温、加大温差并结合高温浇水诱导出菇。

(2)干湿刺激法

先将菌床(或菌袋)干燥1~2天,然后连续喷重水,使菌面上有大量的积水存在,让菌床(或菌块)慢慢吸收。每天喷水2~3次,连续喷2~3天,在此期间,一般可揭膜通风。菌床表层的培养基含水量以手握有水滴下为宜,最后用棉布吸干料面上的积水,盖上地膜保温,几天后便可现蕾。采取干湿刺激法要具备两个条件:一是菌丝体必须吃透整个培养料,而且达到生理成熟,主要标志为吐黄水、结菌膜、菌丝体略呈黄褐色,甚至出现个别菇蕾;二是培养料结块要好,不能过于松散。

出过第二潮菇后,由于培养料中水分、养分的消耗,菌袋再出菇比较困难,要给培养料补充水分和养分。方法是:将菌袋两端料面剥去 1~2厘米见到新料层,用竹签或铁棒扎几个孔,放入水中或营养液(0.4%的尿素,0.5%~1%的蔗糖,0.2%~0.5%的磷酸二氢钾,0.005%的萘乙酸)中浸泡12小时左右,使含水量增加为60%~70%,重新扎口进行养菌。待菇蕾出现后,按前述过程管理。

为了增加平菇的产量或使其能抵御高温的侵袭,还可以进行覆土出菇。采完头潮菇后,清除老菌皮,脱去塑料袋,把菌袋切成两段,截面朝上放入深40厘米、宽100厘米、长度不限的坑内。菌块间的空隙用营养土填实,用1%的复合肥、1%的磷酸二氢钾、0.5%的尿素、97.5%的水配成营养液浇入菌块通气孔内,并浇透土壤,达到存水不渗为宜。然后盖上薄膜和草帘,保温保湿。菌丝恢复生长后,又可长出新菇蕾。采完第二潮菇后,补充营养液和水分,盖薄膜和草帘,还可收3~4潮菇。

第二节 秀珍菇

秀珍菇,别名黄白侧耳、小平菇、姬菇,隶属于担子菌亚门,层菌纲,伞菌目,侧耳科,侧耳属,是平菇家族中最受消费者青睐的品种之一。秀珍菇其实是凤尾菇的一个商业味比较浓厚的名称,是凤尾菇的未成熟子实体。近年来,在我国北方栽培面积较大。

一、生物学习性

1.秀珍菇的形态特征

它由菌丝体和子实体(图3-3)两个部分组成。子实体覆瓦状丛生或单生。菇体中等大小,菌盖直径5~13厘米,初期呈扁平半球形,伸展后基部呈下凹扇形,光滑。幼时浅灰色,后渐变为灰白色或近白色,有的稍带褐色。盖缘薄,平滑,幼时内卷,长大后常呈波状。菇肉稍厚,白色。菌褶宽,

图3-3 秀珍菇的子实体

稍密,延伸面在菌柄上交织,白色至近白色。菌柄短,偏生或侧生,内实,外表光滑,长2~5厘米,直径2~5厘米,往往与基部相连。

2.秀珍菇的生活条件

影响秀珍菇生长的主要因素有营养、温度、水分与湿度、光照、空气和酸碱度。

(1)营养

野生秀珍菇一般生长在阔叶树的枯干或树桩上,靠分解吸收枯树的木质素、纤维素营腐生生活。人工栽培秀珍菇可用阔叶树木屑、棉籽壳、玉米秆、麦秸、稻草等作为碳源,添加麸皮、米糠、玉米粉等作为氮源。最适碳氮比为20:1。

(2)温度

秀珍菇属中低温型菇类。菌丝生长温度为5~28℃,最适温度为25℃左右。出菇温度为10~22℃,最适温度为12~20℃(因菌株不同而不同)。超过22℃原基难分化,夏季炎热不出菇。转潮期温度可提高到20~22℃。

(3)水分与湿度

菌丝生长阶段,培养料适宜含水量为65%左右,空气相对湿度宜维持在60%左右。出菇期空气相对湿度的适宜范围为85%~90%。转潮期空气相对湿度可下降为80%以下。

(4)光照

秀珍菇和其他平菇一样,发菌期不需要光线,子实体分化阶段需要一定的散射光,光照度以600~800勒克斯为宜。子实体伸长、成熟期,适当减弱光照,有利于控制菇体生长速度,提高产品质量。

(5)空气

秀珍菇是好气性真菌,发菌期和子实体发生期、分化期都要多通风换气,保证空气新鲜。菌丝生长需要一定的氧气,随着菌丝体伸长扩展,对

氧气的需求也随之加大。因此,发菌期要注意通风换气。子实体生长发育期需氧量大,要加强通风换气。子实体进入伸长期需要保持一定量的二氧化碳浓度,以促进菌柄伸长,限制菌盖猛长。

(6)酸碱度

培养料pH为5.5~8菌丝均能生长,但pH以6.5左右为宜。

二 栽培管理

我国生产的秀珍菇不少是供外销的,外商对菇的标准要求很严,一级秀珍菇的菌盖直径要小于2厘米,菌柄长为3~5厘米。因此,在子实体刚刚成形而未进入快速生长期之前就要采收。这就决定了秀珍菇的栽培在品种选择、原料配方、生产环境、设施条件、管理方法等方面与其他平菇有所不同。

秀珍菇栽培大多采用熟料袋栽方式,其优点是污染杂菌率低、有利于优质高产。另外,熟料袋式栽培中的原料经高温灭菌,原料中的纤维素、木质素结构发生了变化,有利于秀珍菇的菌丝分解、吸收和利用。装料、无菌操作、发菌管理等环节按平菇的栽培管理方式进行即可。下面选择生产中的几个重要环节来做介绍。

1.栽培季节

秀珍菇可进行春、秋两季栽培,秋栽安排在8月下旬至9月上旬开始制袋,10月上中旬开始开袋出菇,出菇期可延续至次年4月上旬。

2.培养料配方

秀珍菇的产量在很大程度上取决于一定时期内的转潮次数,因此,其培养料配方组成应最有利于原基的形成和子实体的分化。秀珍菇培养料配方中碳水化合物的含量应较平菇更丰富。生产上培养料的碳氮比保持在(20~30):1,既可以防菌丝徒长,又利于子实体的分化。表3-2中的配方供参考。

表 3-2　秀珍菇栽培的主要配方

配方号	成分
1	棉籽壳 80%、麸皮 12%、玉米粉 5%、过碳酸钙 1%、石膏粉 1%、菜园土 1%,另加蔗糖 1%、磷酸二氢钾 0.2%、硫酸镁 0.1%
2	稻草粉(粉碎成绒状)70%、麸皮 26%、蔗糖 1%、石灰粉 3%,另加磷酸二氢钾 0.2%、硫酸镁 0.1%
3	玉米秆粉 30%、麦秸粉 30%、棉籽壳 20%、麸皮 13%、玉米粉 5%、过磷酸钙 1%、石膏粉 1%,另加蔗糖 1%、硫酸镁 0.1%、磷酸二氢钾 0.2%
4	秸粉 60%、杂木屑 20%、麸皮 16%、石膏粉 1%、过磷酸钙 2%、石灰粉 1%,另加尿素 0.2%

3.发菌管理

接好种的栽培袋在10~26℃的培养室发菌。发菌阶段应保持黑暗,并注意检查。经过25~30天的培养,菌丝长满菌袋,再放7天左右达到生理成熟时可出菇。

4.出菇管理

出菇期管理的好坏,直接影响到产品的质量。尽管秀珍菇的不同菌株出菇的温度是不同的,但其出菇管理有着一些总的要求。菌丝长满袋后,在发菌室放7天左右达到生理成熟时即可移入菇房(棚),打开袋口,并拉直袋口薄膜让其立体出菇。前期促原基大量分化,以实现群体增产;中期保分化的原基都成熟,以提高成菇率;后期促子实体敦实肥厚,以提高单朵重量,多产优质菇。具体方法如下:

(1)原基分化阶段

在菌丝达到生理成熟和每潮菇采后的养菌期,要拉大菇房(棚)的温差,把环境的温度降低为5~10℃,并给予适量的散射光照射,促使料面的菌丝倒伏,充分扭结,分化出大量的子实体原基。拉大菇房内的温差,可用空调降温;一般栽培场所可利用拉大昼夜温差来刺激,如用普通菇房

和大棚栽培的,晚上可将门窗和通风口全部打开,使空气对流。一般连续5~7天降温,料面即可出现大量原基。

(2)菇蕾形成阶段

在菇蕾形成期,小菇蕾对环境的适应性较差,所以此阶段栽培场所要尽量减少温差和湿度差,气温保持在12~17℃,空气相对湿度维持在85%~90%,每天喷水3~5次,发现料面有积水,要及时用海绵吸干。室内栽培的,通风口要错开,以防冷空气直接吹袭菇蕾。总之,此阶段要稳定环境条件,提高成菇率。

(3)子实体生长阶段

当菇蕾长到山枣大小时,对环境的适应性开始增强,这时气温可控制在5~20℃,空气相对湿度可维持在75%~95%。在此范围内温差、湿度差越大,子实体长得越肥厚、敦实。室内栽培在夜间可打开门窗和通风口,使栽培场所内夜间的温度、湿度低,拉大昼夜的温差与湿度差,促使子实体敦实、肥厚,提高单朵重量。

5.采收

要及时采收。秀珍菇整个栽培周期可延续3~4个月,产量主要集中在前三潮,一般可采收6潮以上,总的生物效率为100%。采完一潮菇后应及时清理料面,停止喷水2~3天进行养菌,再进行喷水管理,促使其早转潮、多产菇,提高产量。每潮菇的转潮需要8~12天。

第三节 香 菇

香菇又名香蕈、香信、香菌等,属担子菌纲,伞菌目,侧耳科,香菇属。香菇的人工栽培在我国已有800多年的历史,长期采用的都是"砍花法",一种自然接种的段木栽培法。直到20世纪60年代中期人们才开始培育纯菌种,改用人工接种的段木栽培法。20世纪70年代中期出现了代料压块栽培法,后又发展为塑料袋栽培法,产量显著增加。我国是香菇生产大国,香菇是我国传统的特色出口产品之一,其一级品为花菇。

一 生物学习性

1.香菇的形态特征

香菇由菌丝体和子实体(图3-4)两大部分组成。菌丝体生长在基质中,是香菇的营养体;子实体外露,呈伞状,是香菇的繁殖体。子实体单生、丛生或群生,由菌盖、菌褶、菌柄和菌环四部分组成。菌盖呈伞状,圆形,表面茶褐色、暗褐色,有深色块状的鳞片。菌盖下面有白色菌膜,后破裂,形成不完整的菌环,老熟后盖边缘会反卷、开裂。正在生长的菌盖在干燥气候影响下,会龟裂成菊状的裂纹,露出白色的菌肉,形成花菇。

图3-4 香菇的子实体

2.香菇的生活条件

香菇生长发育条件和其他食用菌一样,包括营养、温度、水分与湿度、光照、空气和酸碱度等因素。

(1)营养

香菇是一种木腐菌,香菇菌丝可利用多种碳源,如糖、淀粉、纤维素、半纤维素等。其碳源主要来源于各种阔叶树木屑、棉籽壳、玉米芯、豆秸等。香菇菌丝可吸收利用某些有机氮,如蛋白胨、尿素等,也能利用铵态氮(如硫酸铵),但不能利用硝态氮和亚硝态氮。香菇所需的矿物元素主要有磷、硫、钙、镁、钾等,对铁、铜、锌等微量元素的需求量甚微。在菌丝生长阶段,碳氮源比以(25~35):1为宜;在子实体生长阶段,最适宜的碳氮比为50:1。

(2)温度

在香菇整个生长发育过程中,温度是一个最活跃、最重要的因素。孢子萌发的最适温度为22~26℃,以24℃最好。菌丝生长温度范围为5~32℃,26~28℃生长最快,最适温度为24~27℃。10℃以下和30℃以上会生长不良,5℃以下和32℃以上停止生长。香菇菌丝抗低温能力强,纯培养的菌丝体,-15℃经5天才死亡,在枯木内的菌丝体,即使在-20℃低温下,经10小时也不会死亡。

(3)水分与湿度

在不同的发育阶段、不同的生长环境,香菇对水分的要求也有差别。在木屑培养基中,适宜菌丝生长的含水量为60%~65%,在段木中则为35%~40%。在子实体生长阶段,培养基内的含水量以52%~60%为宜,空气相对湿度应不低于85%。但菇蕾萌发后,若处在较低的空气相对湿度(如55%~68%)下,只要其他条件适宜,则可长成品质更优的花菇。

(4)空气与光照

香菇属好气性真菌,足够的氧气是保证香菇正常生长发育的重要条件。空气不流通、不新鲜,呼吸过程则受阻,菌丝的生长和子实体的发育受到抑制,甚至造成死亡。在段木内香菇菌丝的生长速度较慢,就是因为段木内氧气不足。在代料栽培中,要注意刺孔增氧和菇房内的通风换气。在香菇子实体生长阶段,一定的通风有利于花菇的形成。香菇为喜光型真菌，强度适合的散射光是香菇完成正常生活史的必要环境条件。在菌丝的营养生长阶段，可以没有光照。散射光对形成肉质肥厚、柄短、盖面颜色深的香菇有利，生长过程中的子实体有趋光性，需注意光照的均匀度和方向性。

(5) 酸碱度

适宜的pH是香菇进行正常生理代谢的必要条件之一，香菇菌丝生长适宜偏酸性的环境，菌丝在pH为3~7的环境下均可生长，以pH为4.5~5.5为宜，香菇子实体生长发育的最适pH为3.5~4.5；pH在7以上，菌丝生长受阻，pH大于9时，几乎停止生长。栽培香菇时，栽培料的pH可调到7左右，随着菌丝生长，可使料的pH降到适宜的范围内。

二 栽培管理

香菇的栽培方式主要有段木栽培和代料栽培两种。段木栽培产的香菇产品质量高，投入产出比也高，可为1:(7~10)，但需要大量木材，仅适于在林区发展。近年来，随着国家对环境保护与治理日趋严格，段木栽培已逐渐被代料栽培所替代。代料栽培投入产出比约为1:2，其生产周期短、生物学效率也高，而且可以利用各种农业废弃物，能够在城乡广泛发展，已成为香菇栽培的主流技术。下面重点介绍香菇的代料栽培技术。

1.栽培期

香菇属低温型菇类。如果香菇是在人工控温有限、主要靠自然温度调控的条件下生长发育，首先要选择出菇时气温最好为10~20 ℃的月份，然后选择距出菇2个月以上的月份为制袋接种时间和菌丝生长期。根据这些时间节点，我们可制订出制袋接种时间、菌丝生长期和出菇管理期等计划。各地区可视当地气候情况进行，以确保香菇菌丝生长。菌筒转色与出菇阶段处在人为控制的较适宜环境条件下，可分别实行春季、夏季、秋

季和冬季栽培。一般情况下，我国北方香菇生产多采用夏末秋初接种，秋、冬或第二年春季出菇；而南方则多在秋季接种，每年10月下旬开始出菇，直到第二年春天。

2.原材料准备

栽培料是香菇生长发育所需营养的来源，所以栽培料的好坏直接影响香菇生产的成败，以及产量和质量的高低。

（1）栽培料

由于各地的有机物质资源不同，香菇生产所采用的栽培料也不尽相同。栽培的原料一般选择木屑、玉米芯、秸秆、麸皮、米糠等。木屑要使用阔叶树的木屑，也就是硬杂木木屑。陈旧的木屑比新鲜的木屑更好。配料前应将木屑过筛，筛去粗木屑，防止其扎破塑料袋。粗细要适度，过细的木屑影响袋内通气。栽培料中的麸皮、尿素不宜加得太多，否则易造成菌丝徒长，难以转色出菇。麸皮、米糠要新鲜，不能结块，不能生虫、发霉。豆秸要粉碎成粗糠状，玉米芯要粉碎成豆粒大小的颗粒。香菇栽培料的含水量应比平菇栽培料的含水量略低一些，生产上一般将含水量控制在55%~60%，含水量略低些有利于减少杂菌污染。其他农作物秸秆也可用。针对安徽省的农作物资源特色，生产上可用下列培养料配方（表3-3）。

表3-3 香菇栽培的主要配方

配方号	成分
1	木屑78%、麸皮（细米糠）20%、石膏粉1%、蔗糖1%、另加尿素0.3%
2	棉籽壳40%、木屑35%、麸皮20%、玉米粉2%、蔗糖1%、石膏粉2%
3	豆秸46%、木屑32%、麸皮20%、石膏粉1%、石灰粉1%
4	木屑20%、玉米芯60%、麸皮15%、玉米粉1%、石膏粉1%

上述4种栽培料的配制：按比例称取各种成分，先将木屑、棉籽壳、豆秸、玉米芯等吸水多的材料按料水比为1：（1.4~1.5)的量加水、拌匀，使

料吃(吸)透水;把石膏粉与麸皮、木屑干混均匀,再与已加水拌匀的棉籽壳、豆秸或玉米芯混拌均匀;把蔗糖、尿素等溶于水后拌入料内,同时调好料的水分,用锨和竹扫帚把料翻拌均匀,不能有干的料粒。

(2)栽培袋和保护袋

香菇袋栽实际上多数采用两头开口的塑料筒,有壁厚0.04~0.05厘米的聚丙烯塑料筒和厚度为0.05~0.06厘米的低压聚乙烯塑料筒。但冬季气温低时,聚丙烯筒变脆,易破碎;低压聚乙烯筒适于常压灭菌。生产上采用的塑料筒规格也是多种多样的,南方多用筒宽15厘米、筒长55~57厘米的塑料筒,北方多用筒宽17厘米、筒长35~57厘米的塑料筒。

如果接种后不贴胶带,也可将菌袋装入比栽培袋稍大一些的塑料保护袋内,保护袋一般比栽培袋薄。

(3)胶布、覆盖膜和纱线

胶布常见的有两种:一种是医用胶布,另一种是食用菌专用胶布(纸)。专用胶布(纸)是厂方按照香菇接种穴贴封口大小生产出的相应规格产品。使用专用胶布(纸)时,用剪刀将其剪成小方块,覆瓦状重叠成排,接种时逐块撕开贴封。现在生产中已不常用,一般使用保护袋。

纱线,即棉纱线,用于袋料栽培时捆扎栽培袋的袋口。纱线质地要柔软,有韧性,既能牢固捆扎,又能随时用力一拉即断。现已用聚乙烯塑料绳代替它来扎袋口了。

3.装袋、灭菌及接种

(1)装袋

先将塑料筒的一头扎起来,并在灯火上熔化成一个小疙瘩密封(也可购买香菇专用袋)。用装袋机装袋,最好5人一组,1个人往料斗里加料;2个人轮流将塑料袋套在出料筒上,一手轻轻握住袋口,一手用力顶住袋底部。尽量把袋装紧,另外2个人整理料袋、扎口。手工装袋,要边装料边

抖动塑料袋,并用粗木棒把料压紧、压实,装好后把袋口扎严、扎紧。装好料的袋被称为料袋。在高温季节装袋,要集中人力快装,一般要求从开始装袋到装锅灭菌的时间不能超过6小时,否则料会变酸、变臭。装袋时要松紧合适,勿过松或过紧。过松,菌筒难成形,且气生菌丝旺盛,菌膜厚,影响产量。过紧,发菌慢,菌丝长势弱,且灭菌时袋筒易膨胀、破裂。装袋的松紧度,以单手握抓起料袋,袋表面有轻微凹陷的指印为宜。另外,还要轻拿轻放,不拖不磨,避免人为划破袋壁。

(2)灭菌

装袋后要立即进锅灭菌。料袋装锅时要有一定的空隙或者呈"井"字形排垒在灭菌锅里,这样便于空气流通,灭菌时不易出现死角。灭菌有高压蒸汽灭菌和常压蒸汽灭菌两种。一般多用常压灭菌灶灭菌,料袋进入蒸仓后,开始加热升温时火要旺、要猛,从生火到锅内温度达到100 ℃的时间最好不超过4小时,否则会把料蒸酸、蒸臭。当温度达到100 ℃后,要用中火维持10~18小时,中间不能降温。最后用旺火猛攻一会儿,再停火焖一夜后出锅。出锅前先对冷却室或接种室进行空间消毒。出锅用的塑料筐也要喷洒2%的甲酚皂溶液或75%的酒精消毒。把刚出锅的热料袋运到消过毒的冷却室里或接种室内冷却,待料袋温度降到30 ℃以下时才能接种。

(3)接种

香菇料袋多采用侧面打穴接种,要几个人配合进行,所以在接种室和塑料接种帐中操作比较方便。具体做法:先将接种室或接种帐进行空间消毒(如喷气雾消毒剂),然后把刚出锅的料袋运到接种室内一行一行、一层一层地垒起来。每垒排一层料袋,就往料袋上用手持喷雾器喷洒一次0.2%的多霉灵。料袋排好后,再把接种用的菌种、胶纸、打孔用的直径1.5~2厘米的圆锥形木棒、75%的酒精棉球、棉纱、接种工具等准备齐全。关好门窗,打开臭氧消毒机,消毒40分钟。

关闭臭氧消毒机15分钟后开门,接种人员迅速进入接种室外间,关好外间的门并穿戴好工作服,向空间喷75%的酒精消毒后再进入里间。接种按无菌操作(同菌种部分)进行。侧面打穴接种一般用长55厘米的塑料筒作料袋,接5穴,一侧3穴,另一侧2穴。3人一组。第一个人先将打穴用的木棒的圆锥形尖头放入盛有75%的酒精的搪瓷杯中,酒精要浸没木棒尖头2厘米,再将要接种的料袋搬一个到桌面上,一手用75%的酒精棉纱擦抹料袋朝上的侧面进行消毒,一手用木棒在消毒的料袋侧面打3个穴。第二个人双手用酒精棉球消毒后,直接用手把菌种掰成小枣般大小的菌种块并迅速填入穴中,菌种要把接种穴填满,且略高于穴口。用胶布封贴穴口或5个接种穴填满菌种后用塑料筒作套袋。第三个人负责搬移菌袋。接完种的菌袋即可进培养室培养。

如果使用接种箱接种的话,因为箱体空间小、密封好、消毒彻底,所以接种成功率往往会高于接种室。最好采用双人接种箱,侧面打穴接种由两个人共同操作,一个人负责打穴和贴胶粘纸封穴口,另一个人将菌种按无菌程序转接至穴中。

4.发菌管理

发菌管理指从接完种到香菇菌丝长满料袋并达到生理成熟这段时间内的管理。

菌筒栽培发菌要在菇房(棚)内进行。砖瓦房、草房、塑料棚、人防地道等都可作为香菇的菇房(棚)。根据香菇生长发育对环境的要求,菇房应光照充足,昼夜温差大,既可密闭保温、保湿,又能通风散热、调节温度等。因此,菇棚应取南北朝向,南北方向开有窗户或具有通风换气装置。塑料菇棚还应装置遮阳网,内设床架最宽不超过1.5米,层数视菇房高度而定,其间距为60厘米左右。另外,菇棚要干净、无污染源,要远离猪场、鸡场、垃圾场等杂菌滋生地,要干燥、通风、遮光等。进袋发菌前要消毒杀菌、灭虫,地面撒石灰粉。

刚接完种的菌袋,按"井"字形或"A"字形叠放,接种穴朝侧面排放。每排垒几层要看温度的高低而定,温度高可少垒几层。一般可垒8~10层,排与排之间要留有走道,便于通风降温和检查菌丝生长情况。香菇菌丝生长期,要认真做好温度、湿度、通风、光照调节,定期翻堆,防止受杂菌污染,适时补充氧气,创造良好的环境,促使菌丝迅速萌发、快定植,健壮生长。具体要做好以下几点:

(1)温度调节

发菌室以温度20~24 ℃、堆温24~26 ℃为好。温度高于28 ℃,应通风降温,否则菌丝徒长,不健壮。低于20 ℃,菌丝生长放慢,发菌期稍延长,但菌丝生长健壮,不影响产量。

(2)湿度控制

菇棚的环境要干燥,空气相对湿度以65%左右为宜。湿度大,容易滋生杂菌。

(3)通风换气

香菇菌丝生长时要进行呼吸,因此菇房(棚)要定期通风换气,保持空气新鲜,避免二氧化碳积累。

(4)遮光培养

香菇菌丝的生长不需要光线,因此要避光培养,菇房(棚)门窗要用黑色窗帘遮挡或棚顶遮阳网要加密。脱袋前10天,适当增加光照,光线刺激有利于脱袋后转色。

(5)翻堆

为了使香菇菌丝健壮、均匀整齐地生长,在整个菌丝生长期还要定期翻堆。定期翻堆有以下几个作用:一是使菌袋互换位置,促使菌袋发菌整齐;二是观察香菇菌丝生长情况,菌种块不发菌时及时补种;三是检查有无杂菌污染，发现杂菌时及早除去；四是结合翻堆对菌袋进行刺孔通气。

一般在菌袋接种放进培养室后10天左右进行1次翻堆，以后每隔7~10天进行1次，翻堆时做到上、中、下和里、外均匀对换，使菌袋发菌条件均匀，发菌整齐。翻堆时要轻拿轻放，防止袋壁破损。发现杂菌时，可用75%的酒精或2%的甲醛水溶液注射在杂菌发生处，将杂菌斑块覆盖即可杀灭。

(6) 定期刺孔

刺孔，是在菌袋内香菇菌丝生长的尖端处适当刺些小孔，既利于内、外气体交换，又具有排湿和散热作用。一般在菌丝长满袋期间进行3~4次刺孔。第一次在菌丝向四周扩散蔓延5厘米时进行，每个接种穴周围刺4~6个小孔，刺孔深1厘米（用专用袋的要去掉套袋）；第二次在发菌中期，促进菌丝快速蔓延；第三次在菌丝满袋时，可减少瘤状突起发生而引起的营养消耗，有利于早出菇，并防止畸形菇的发生。刺孔后2~3天，由于菌丝呼吸作用加强，释放出大量的热，袋内温度升高，要防止"烧袋"。另外，还要注意：含水量高的菌袋可多刺孔，含水量少的要少刺孔；瘤状物突起部位、污染杂菌部位、菌丝未长到处、有黄水积留处均不应刺孔。刺孔后注意通风降温，降低菌袋堆叠层次，拉大菌袋间的距离。凡是封闭式发菌场地，如房间、温室，在翻袋刺孔前要进行空间消毒，可有效地减少杂菌污染。另外，发菌期还要特别注意防虫、灭虫。

5. 转色管理

香菇菌丝生长发育进入生理成熟期，表面白色菌丝在一定条件下逐渐变成棕褐色的一层菌膜，叫作菌丝转色。转色的深浅及菌膜的厚薄直接影响到香菇原基的发生和发育，对香菇的产量和质量影响很大。

转色的方法有很多，依其出菇方式不同可分为脱袋转色法和不脱袋转色法。

(1)脱袋转色法

脱袋与转色是香菇菌筒栽培管理中的重要环节。脱袋最佳时期为菌丝长满袋后10~15天。在正常发菌条件下,一般从接种日算起,早熟品种在第60~65天、中晚熟品种在第75~90天脱袋。此时,菌袋内壁四周菌丝体出现膨胀,有皱褶和隆起的瘤状物,且数量逐渐增加;菌丝由白色转为淡黄色,接种穴或袋壁局部出现红色或褐色斑点,出现色斑的面积约占整个菌袋表面积的1/3;手捏菌袋瘤状物有弹性松软感。见光后菌袋内出现原基。

脱袋前,先将菌袋搬至菇棚内"炼袋"2~3天,让菌袋适应菇棚小气候。脱袋时的气温要在15~25 ℃,最好是20 ℃左右。脱袋时用消毒的刀片沿菌袋纵向划破袋壁,剥去薄膜脱袋。如遇天气不适宜,可先割开袋,隔1~2天再进行脱袋。将脱袋的菌筒倾斜80°排放于畦床的排筒架上,宽1.4米的畦床可排放8~9个筒,间距为3~4厘米。脱袋立排菌柱要快,排满一畦,马上用竹片拱起畦顶,罩上塑料薄膜,周围压严实,保湿保温。待全部菌柱排满后,温室内的温度要控制在17~20 ℃,不要超过25 ℃。

脱袋后的菌柱要防止太阳晒和风吹,这时温室内的空气相对湿度最好控制在75%~80%,有黄水的菌柱可用清水冲洗干净。如果温度高,可向温室的空间喷冷水降温,白天温室多加遮光物,夜间去掉遮光物,加强通风来降温。

3~5天内尽量不要揭开畦上的罩膜,这时畦内的空气相对湿度应该在85%~90%,塑料薄膜上有凝结水珠,使菌丝在一个温暖潮湿的稳定环境中继续生长。在此期间应注意,如果气温高、湿度过大,要在每天的早、晚(气温低)揭开畦的罩膜通风20分钟。在揭开畦的罩膜通风时,温室不要同时通风,也就是要将两者的通风时间错开。5~7天后,当菌柱表面长满浓白的绒毛状菌丝时,要加强揭膜通风的次数。每天2~3次,每次20~30分钟,同时还要增加氧气、光照(散射光),拉大菌柱表面的干湿差,限制菌丝生长,迫使绒毛状菌丝逐渐倒伏,分泌色素,出现黄水,促其转色。第7~8天开始转色时,可加大通风量,每次通风1小时。通风的同时,每天向菌柱表面轻喷水1~2次,喷水后晾干菌筒表面,至手摸不黏时再覆盖薄膜。连续喷水2天,至第10~12天转色完毕,菌筒表面由白色转为粉红色,逐渐变为茶褐色,最后在菌筒外面形成薄树皮样的红棕色或深褐色菌膜。生产实践中,由于播种季节的不同,转色场地的气候,特别是温度条件不同,转色的快慢不一样,具体操作要根据菌丝生长情况灵活掌握。

转色的好坏与香菇菌筒出菇的早迟、出菇的潮次、产量的高低、质量的好坏有着密切的关系。转色的菌筒呈现4种颜色,即深褐色、红棕色、黄褐色和灰白色。以红棕色最理想,深褐色和黄褐色其次,灰白色最差。一般来说,菌膜深褐色的出菇正常,疏密适当,菇体中等,质量好,产量高;菌膜红棕色的出菇正常,疏密适当,菇体中等,质量好,产量高;菌膜黄褐色的出菇稍早,菇较密,菇体较小,质量一般,产量较高;菌膜灰白色的出菇早而密,菇体小,质量差,产量低。

转色过程中常见的不正常现象及处理办法如下所述。

①转色太浅或一直不转色。主要原因有:菌袋刺孔通气太多,导致料内蒸发失水;菇棚保湿差,畦床太干;脱袋后没有及时覆盖薄膜或者覆盖的薄膜已经破损,无法保湿。发现这种现象后,可采取向菌筒表面喷水补湿、增加菇棚湿度、盖好罩膜、减少通风时间等措施。

②菌柱表面的菌丝徒长不倒伏。造成这种现象的原因可能是缺氧,温度虽适宜但湿度偏大,或者培养料含氮量过高等。这就需要延长通风时间,并让光线照射到菌柱上,加大菌柱表面的干湿差,迫使菌丝倒伏。如仍没有效果,还可用3%的石灰水喷洒菌柱,并晾至菌柱表面不黏滑时再盖膜,恢复正常管理。

③菌筒表面局部脱落。脱袋后2天左右,菌柱表面瘤状菌丝产生气泡膨胀,局部片状脱落,或部分脱离菌柱形成悬挂状。出现这种现象的主要原因是脱袋时受到外力损伤或高温(28℃以上)的影响,或脱袋早、菌丝体尚未达到生理成熟,或脱袋后遇到恶劣的环境条件使得菌柱表面紧缩脱落。挽救办法是创造适宜的温湿度环境,如将温度控制在15~25℃,空气相对湿度控制在85%~90%,保持每天通风2次。经一周的管理,让菌柱表面长出新的菌丝,再转入正常的转色管理。

(2)不脱袋转色法

除了脱袋转色法外,生产上有的采用针刺微孔通气转色法,待转色后脱袋出菇,还有的不脱袋,待菌袋接种穴周围出现香菇子实体原基时,用刀割破原基周围的塑料袋露出原基,进行出菇管理。出完第一潮菇后,整个菌袋转色结束,再脱袋泡水出第二潮菇。这些转色方法简单、保湿效果好,在高温季节采用可减少杂菌污染。

6.出菇管理

香菇菌柱转色后,菌丝体完全成熟,并积累了丰富的营养,在一定条件的刺激下,迅速由营养生长进入生殖生长,子实体原基分化、生长发育,也就是进入出菇期。

出菇方式多采用脱袋排场出菇法和不脱袋割孔上架排袋出菇法。

(1)脱袋排场出菇法

指菌袋转色后将塑料袋全部脱去,然后排到出菇场进行出菇管理(图3-5)。这是传统的方法,产量高,但出花菇率低。管理措施如下:

①催蕾:香菇属于变温结实性菌类,一定的温差、散射光和新鲜的空气有利于子实体原基的分化。这个时期一般都揭去畦上罩膜出菇,温室的温度最好控制在10~22℃,昼夜之间能有5~10℃的温差。如果自然温差小,还可借助于白天和夜间通风的机会人为地拉大温差。空气相对湿度

图3-5 脱袋排场出菇

维持在90%左右。条件适宜时,3~4天菌柱表面褐色的菌膜就会出现白色的裂纹,不久就会长出菇蕾。在此期间,要防止空气湿度过低或菌柱缺水,以免影响子实体原基的形成。若出现这种情况,要加大喷水量,每次喷水后晾至菌柱表面不黏滑,而只是潮乎乎的,盖塑料薄膜保湿。但也要防止高温、高湿,以免被杂菌污染,菌柱腐烂。一旦出现高温、高湿的状况,要加强通风,降温、减湿。

②子实体生长发育期的管理:菇蕾分化出来以后,进入生长发育期。管理上应调节好温度、湿度、通风和光照四个因素。香菇菌株因温型不同,其子实体生长发育的温度要求是不同的。多数菌株在8~25 ℃的温度范围内子实体都能生长发育,最适温度为15~20 ℃,恒温条件下子实体生长发育很好。空气相对湿度要求为85%~90%。可在早、晚喷水,菇蕾期少喷,随着菇体长大逐渐增加喷水量,菇体成熟时停止喷水。随着子实体不断长大,呼吸作用加强,二氧化碳积累加快,要加强通风,保持空气清新。在早、午、晚各通风一次,可有效地防止出现畸形菇。对于光照,可根据商品菇对菇色的不同要求,调整菇棚遮盖物的厚度,保持"三分阳、七分阴"

的较强散射光。

(2)不脱袋割孔上架排袋出菇法

这种出菇法可提高花菇率和经济效益。花菇价格较一般的香菇要高得多,其商业价值非常高。花菇是菌盖上带有白色龟裂纹的香菇,是在特定环境下形成的一种特殊畸形菇。龟裂纹越多、深、宽、白越好。其具体的管理措施如下:

①选蕾上架:选择已经出现黄豆粒大小菇蕾的菌袋,每袋间隔15厘米左右摆上出菇架(图3-6)。有菇蕾的袋面向上,只保留上面和左右两侧的菇蕾,用按压或剃除的方法,清除袋底部的菇蕾,防止生成畸形菇,消耗菌袋中的营养。棚上盖好保温、透光的塑料薄膜,棚子应能防风、排潮、采光和通风。

图3-6 不脱袋上架出菇

②保湿割膜:先用喷雾器向覆在棚架上的薄膜内壁上喷雾,以雾珠不滴下为宜,棚内地上不浇水。干燥时,及时补喷水雾,保持棚内空气相对湿度在80%以上。用小刀片沿菇蕾四周3~5厘米处环割开2/3~3/4圈薄

膜,只割透菌袋表面的薄膜,不割掉菇蕾上面的薄膜,让菇蕾在生长时顶开薄膜。环割时,防止刀尖划伤代料,损伤菌丝。剔除多余菇蕾和畸形菇蕾,每个菌袋均匀保留3~8个圆顶、肥壮的菇蕾。环割开膜以后,每天检查割膜1~2遍。割膜、选蕾、定株全过程持续3~6天,这期间应保持棚内湿度,防止小菇蕾干死。定株前,以自然条件(较低温度)为适宜,防止先开膜的菇蕾旺长太大,影响催花。

③排湿墩蕾:当菇蕾大部分长到直径0.5~2厘米时,完成最后一次定株。只保留直径0.8~1.5厘米的菇蕾。停止喷水,在1~2天内逐渐提高通风排湿量,让菇蕾表面的游离水挥发掉,见菇蕾表面稍有亮泽和光滑感,用手指轻轻按压略有弹性感时,墩蕾结束。如果排湿过量,菇蕾表面会出现纸板状,不利于催花。

④催花:当菌盖直径为2~3厘米时,可进行催花。将空气相对湿度降为60%左右,揭开薄膜,强通风、强光照并加大温湿差,促使菌盖表面开裂。不能喷水,注意防潮湿,以保证花纹呈白色。白天揭膜降温、减湿,短时间内降为15 ℃以下,让阳光直晒、自然干燥、清风流通,傍晚盖膜升温、增湿。常用覆盖塑料薄膜采光、棚外煤炉经气管向棚内导热、棚底热管导热和湿热风机增温等方法升温,促使菇棚内的温度在8~12小时内逐渐增温为24~32 ℃(升到24 ℃时放风排湿15分钟左右),保持2~4小时(增温期间,香菇菌丝耗氧量增加,要注意防止工作人员因缺氧而窒息)。增温全程,保持棚内空气相对湿度为45%~65%,不宜超过70%。如此大的温湿差及强光刺激3~4天,即可催出花纹。这种方法掌握得当的话,在开棚通风之前就有部分菇蕾已经龟裂开花了,能育出优质花菇。

⑤保花:催花后,棚内保持温度为8~18 ℃,空气相对湿度在60%左右,15天左右,使菌盖增大、增厚,花纹加宽、加深、增白,形成一等"天白花菇"。当菌盖尚未完全展开,呈现"铜锣边"时,即可采菇。

⑥养菌与补水：每采收一潮菇后，菌袋要休养7~10天。停止喷水，保持温度为20~25℃，空气相对湿度为75%~85%，暗光、适当通风。待采菇穴出现白色菌丝时，表明菌丝恢复正常，再采取刺激分化的措施。当出完第三潮菇后，菌袋失重约1/3时，就要补水。可采用水池浸泡或加压注水器强制注水，补至菌袋原来的重量。从第三次补水开始，每次补水时应添加菇类营养素。

第四节 黑 木 耳

黑木耳又称木耳、光木耳等，它的别名有很多，如云耳、黑菜、木蛾等。黑木耳属于担子菌亚门，层菌纲，木耳目，木耳科，木耳属。

它是一种黑色、胶质、味美的食用菌，主要产于我国的东北、湖北、安徽等地的山区，年产量巨大。我国生产的黑木耳品质好，在国际市场上有很强的竞争力，一直是我国传统的出口商品。

黑木耳营养丰富，口感好，历来是人们喜爱的美味佳肴。100克黑木耳干品中，约含蛋白质10.6克、脂肪0.2克、碳水化合物6.5克、维生素B_2 0.15毫克，可以产生热量1 100千焦耳。其蛋白质含量相当于肉类，维生素B_2含量相当于等质量的一般米、面、大白菜以及肉类的4~10倍。

黑木耳胶体有极强的吸附力，具有润肺和清理肠胃的作用。

一 生物学习性

1.黑木耳的形态特征

黑木耳由菌丝体和子实体（图3-7）两部分组成。菌丝体无色透明，由许多纤细的横隔膜和分枝的绒毛菌丝组成，是其分解和吸收养分的营养体。子实体即食用部分，是其产生并弹射孢子的繁殖体。黑木耳新鲜的子实体为胶质状,半透明的,深褐色,有弹性。子实体初生时为粒状或杯状,逐渐变为叶状或耳状,许多耳片聚集在一起呈菊花状。干燥后的子实体强烈收缩为角质,硬而脆。子实体背面突起,呈暗青灰色,有密生的短绒毛,不产生担孢子;腹面向下凹,表面平滑或有脉络状皱纹,呈深褐色,这一面产生担孢子。当黑木耳子实体干燥收边时,担孢子就像一层白霜黏附在凹入的腹面上。

图3-7 黑木耳子实体

2.黑木耳的生活条件

黑木耳在生长发育过程中,对其有影响的环境因素主要有营养、温度、水分与湿度、空气、光照和酸碱度等。为了使黑木耳优质高产,我们必须熟悉和控制这些条件,为黑木耳生长发育创造出适宜的环境。

(1)营养

黑木耳是一种木腐菌,它多生于栎树、白桦、枫桦等阔叶树木的枯枝上,完全依赖菌丝体从基质中吸收营养物质来满足自身生长发育的需要。其碳源主要有木质素、纤维素、半纤维素、淀粉、蔗糖和葡萄糖等,氮

源主要有蛋白质、氨基酸、尿素、铵盐等。这些木质素、纤维素、淀粉和蛋白质等复杂有机物质,必须由菌丝分泌出相应的酶将其分解为小分子化合物后才能被吸收利用。黑木耳生长还需要磷、钾、铁、镁、钙等主要元素,及铜、锰、锌、铝等微量元素和极少量的生长素类物质。这些营养物质广泛存在于木材、木屑、棉籽壳、麸皮、米糠和玉米芯等原材料中。因此,可用这些有机物质来栽培黑木耳。

(2)温度

黑木耳属于中温型真菌,但在不同生长发育时期对温度有不同的要求。一般菌丝生长的温度范围为5~36 ℃,但以22~28 ℃为最适温度,在温度低于5 ℃或高于36 ℃时,菌丝生长发育会受到抑制。黑木耳菌丝能耐低温,不耐高温,当温度低于5 ℃或短时间在-30 ℃低温下菌丝也不死亡。温度高于28 ℃时,菌丝生长发育速度加快,但常常会出现菌丝衰老现象,超过40 ℃菌丝就会死亡。黑木耳子实体生长的温度范围为15~32 ℃,以20~25 ℃为最适温度,15 ℃以下时子实体难以形成或生长受到抑制,高于32 ℃时子实体将停止生长或自溶分解。

一般地,在生长温度范围内,温度越高则生长速度越快,黑木耳的菌丝体瘦弱,子实体色淡肉薄;温度越低则生长速度越慢,黑木耳的菌丝体健壮,生命力增强,子实体色深、肉厚。

(3)水分与湿度

黑木耳在不同生长发育阶段,对水分的要求不同。在菌丝生长阶段,要求段木内的含水量为40%~50%,而栽培料内的含水量以65%左右为宜,这样有利于菌丝的定植和延伸。湿度过小,会显著影响其生长发育;湿度过大,会导致通气不良、氧气缺乏,菌丝体生长发育受到抑制。在子实体形成和生长发育阶段,除耳木和栽培料内仍然要保持菌丝生长时期的相应湿度外,空气相对湿度还要保持在90%~95%。若低于80%,则子实体形成迟缓;若低于70%,则不形成子实体。如果空气湿度过大,经常处于饱和状态,也不利于子实体的生长发育。在生产实践中,人们发现干湿不断交替,有利于黑木耳子实体的生长发育,可获得黑木耳的优质高产。

(4)空气

黑木耳是好气性真菌,在整个生长发育过程中都需要充足的氧气。黑木耳对二氧化碳浓度虽没有银耳、灵芝敏感,但在室内和塑料大棚内栽培时,要保持栽培场空气流通。所以,室内和塑料大棚内要经常通风换气,特别是在出耳期间必须保持良好的通气条件,方可促进子实体生长发育,防止霉烂和杂菌感染。

(5)光照

黑木耳菌丝在黑暗的环境中能正常生长,但经常性地照射散射光对菌丝体的发育有促进作用。散射光能促进原基的形成,在黑暗环境中不能形成子实体。子实体的生长发育不仅需要大量的散射光,而且还需要一定的直射光才能生长良好。而在遮阴的森林中或光照不足的条件下,子实体发育不良,呈淡褐色,耳片薄,产量低。因此,露天栽培黑木耳应选择在有"花花"太阳的场地,如在安徽省皖南地区选用"五分阳、五分阴"场地较为适宜。

(6)酸碱度

黑木耳喜欢在偏酸性环境中生活。菌丝生长要求pH为4~7,但以pH为5~6.5最适宜,pH在3以下或8以上都不适合菌丝生长。因此,在代料栽培中,配制培养料时要注意调整其酸碱度。

二 栽培管理

我国黑木耳栽培主要采用段木栽培和代料栽培两种方法。由于段木栽培黑木耳需要消耗大量的木材资源,且生产周期长;加之近年来利用农作物秸秆、种壳和工业废料代替木材栽培木耳取得了巨大的成功,使得代料栽培成为黑木耳生产的主要方式。代料栽培大大缩短了黑木耳的生产周期,从接种到出耳,再到采收结束仅需要100~120天,一年四季均可栽培。

黑木耳代料栽培可采用塑料袋栽、瓶栽或菌砖栽培、覆土栽培等方式。由于木耳菌丝生长速度慢,抗杂菌能力差,生产中多采用塑料袋栽培。在安徽省北方,主要在简易大棚内进行塑料袋栽培;在安徽省南方,主要采取露天栽培方式(图3-8、图3-9)。

图3-8　简易大棚栽培

图3-9　露天栽培

1.栽培季节

黑木耳属中温型菌类。其栽培季节应根据菌丝体和子实体发育的最适温度,主要是出耳的最适温度及不允许超出的最低和最高温度来确定,要错开伏天,避免高温期,以免高温、高湿造成杂菌污染和流耳。一般地,皖南地区4—6月份制袋,11—12月份出耳;皖北地区1—3月份制袋,5—6月份出耳。

2.品种选择

要选择适应性广、抗逆性强、发菌快、成熟期早,菌龄30~50天的品种为佳,如"916""黑山""新黑山""皖黑木耳1号"等。

3.代料配方

一般选择当地的特色有机物质资源来配制培养料,具体配方如表3-4所示。

表3-4 黑木耳栽培的主要配方

配方号	成分
1	阔叶树木屑78%、麸皮或米糠20%、石膏粉或碳酸钙1%、蔗糖1%
2	棉籽壳43%、杂木屑40%、麸皮15%、石膏粉1%、蔗糖1%
3	木屑30%、棉籽壳30%、麸皮或米糠8%、玉米芯30%、蔗糖1%、石膏粉1%
4	玉米芯78%、麸皮20%、石灰粉1%、蔗糖1%
5	玉米芯98%、蔗糖1%、石膏粉1%
6	稻草66%、麸皮或米糠32%、石膏粉1%、蔗糖1%
7	豆秸秆88%、麸皮10%、石膏粉1%、蔗糖1%
8	麦秸80%、麸皮或米糠18%、石灰粉1%、过磷酸钙0.5%、石膏粉0.5%
9	蔗糖渣84%、杂木屑14%、石膏粉1%、石灰粉1%

4.栽培料配制

各种培养料,因物理结构和化学组成不同,其配制方法有所不同,但配制的基本要求是:用料必须干燥、新鲜、无霉变;拌料力求均匀,按配方

中的比例配好各种主、辅料,把不溶于水的代料混合均匀,再把可溶性的蔗糖、尿素、过磷酸钙等溶于水中,分次掺入料中,反复搅拌均匀;严格控制含水量,一般料水比为1:(1.1~1.4),培养料的含水量在55%左右;培养料用石灰粉或过磷酸钙调节pH为8左右,灭菌后pH下降为5~6.5。

常用的棉籽壳培养料,在装袋前应加水预湿,使其充分吸水,翻拌使其吸水均匀。将稻草培养料切成2~3厘米长的小段,浸水5~6小时,捞起沥干水;也可放入1%~2%的石灰水中浸泡,水为总料重的4倍,浸12小时,然后用清水洗净,沥去多余的水分,使其含水量为55%~60%,加入辅料拌匀备用。如用稻草粉,可直接拌料、装袋,不用浸泡。

5.装袋、灭菌和接种

选用长33厘米、宽15~17厘米、厚0.04~0.06厘米的高密度聚乙烯或聚丙烯塑料袋,每袋可装800~850克的湿料。装袋前先把塑料袋一端用线绳扎紧,然后把培养料慢慢装入袋内。应先把袋角和袋底撑起来,边装边用手或木头轻轻压实,使上下松紧适度、一致,装至袋子的2/3处时,停止装料,把袋口擦净。在料的中央用木锥垂直扎一圆孔直达料底,然后套上颈圈。将袋口薄膜外翻,袋口塞上棉塞,再在颈圈外包一层塑料薄膜和牛皮纸并扎紧,送到灭菌室灭菌。

培养料的灭菌有高压灭菌和常压灭菌两种方式。高压灭菌一般在140~150千帕压力下灭菌1.5~2小时,常压大锅蒸汽灭菌时开始要武火猛攻,4小时内蒸仓里的温度要达到100℃,并保持8~12小时。

经灭过菌的料袋,待料温降为30℃以下时即可接种。如接种箱可供双人操作,一人专管接种,一人专管开料袋,塞棉塞,这样效率会更高一些。接种时要注意让菌种与培养料紧密接触,以利于定植和生长。每瓶750毫升的黑木耳栽培种,如果在袋两头接种,可接20~30袋;如果在袋的一头接种,可接40~50袋。

6.发菌管理

菌丝体生长的好坏,直接影响黑木耳的产量和质量。主要管理措施:

(1)培养室消毒灭菌

培养室应事前消毒,用石灰粉刷墙壁,用甲醛水溶液和高锰酸钾混合进行熏蒸消毒,培养过程中每周用5%碳酸溶液喷洒墙壁、空间、地面,连续喷两次,以除虫、灭菌。

(2)控制温度和湿度

培养室温度要先高后低。菌丝萌发时,温度以25~28℃为宜。10天后,温度降为22~24℃,不能超过25℃。室内空气相对湿度控制在55%~70%。后期如雨水多,在培养场地撒些生石灰,以降低空气相对湿度。

(3)控制光照

光照是形成子实体的重要因素,光照可以刺激菌丝早熟,早形成子实体。为此,培养室的光线要接近黑暗,门窗用黑布遮挡或糊上报纸,或在培养袋外盖牛皮纸、报纸进行遮光,这样有利于菌丝生长。30天左右,菌丝发满袋,要清除培养室门窗的遮光物,增加光照3~5天;如光照不足,可用电灯照射,以补充光源,刺激黑木耳原基的形成。

(4)保持空气新鲜

黑木耳是好气性菌类,在生长发育过程中,要始终保持室内空气新鲜。每天通风换气1~2次,每次30分钟左右,促进菌丝的生长。

(5)防止杂菌污染

在菌丝体培养过程中,料袋常会被杂菌侵染,要及时检查杂菌污染情况。发现有轻度杂菌污染斑时,可用2%的多菌灵溶液,或75%的酒精溶液与31%~40%的甲醛溶液按6:4混合均匀注射菌斑,然后贴上胶布,控制杂菌的蔓延。污染严重的菌袋,要及时拿出培养室,在培养室较远的地方烧掉或深埋。在检查菌袋时,要轻拿轻放,防止袋壁破损。

7. 出耳管理

(1) 耳房出耳管理

选择清洁卫生、光照充足、通风良好,能保温、保湿的房屋作为耳房,最好为砖地或沙石地面。室内用木材、竹子、水泥或三角铁制成多层架,架子宽1.1米、长2米,每层之间距离50~60厘米,底层距离地面15~20厘米,每架4~5层,每层各拉4~5根10号铁丝或竹竿作为挂袋出耳杆,间距25厘米。在出耳杆上每隔30厘米系一段塑料绳,在下方扎紧料袋使料紧贴薄膜,拔除棉塞。用0.2%的高锰酸钾溶液擦拭菌袋表面消毒,将菌袋逐个挂在已系好的塑料绳上,接着用利刃在菌袋上均匀划割9~12个"V"形耳孔。孔口边长3厘米左右,刀口入料深度约2厘米。

菌袋开口后,绝对不能马上向袋表面喷水,但要保持耳房的空气高湿度,否则耳孔处的料会干枯。应在地面洒水或给空气加湿,使空气相对湿度为80%左右。7~10天后耳孔处有黑色的耳芽出现,再过一个星期左右,耳片形成。此时可向袋面喷水,每日喷3次雾化水,使耳房空气相对湿度保持在85%~90%。每日通风两次,每次30分钟,室内温度保持在20~23℃,同时要加大光照。

(2) 其他场地出耳管理

出耳场地还可以因地制宜,灵活掌握。如可以在地势高、通风良好的地方建遮阳棚作为出耳棚。棚外用草帘等遮阴,在棚内用木椽或水泥柱作为支柱搭建棚架,支柱之间用8号铁丝连接固定,铁丝上每隔30厘米系一段塑料绳用来挂菌袋。将菌袋消毒,开口后即可移入棚内培养。其他管理与耳房管理一致。

还可以采用地摆出耳。方法是选择地势高、通风好、排灌方便的地方做床,床高出地面20厘米,宽1.2米,长根据料袋的多少来定。整平床面后,用0.2%的多菌灵溶液消毒。菌袋消毒后立在床面,每袋间距10厘米,呈

"品"字形排列,全部排完后,在上面搭高约70厘米的草帘拱棚遮阴。其他管理同耳房管理。

8.采收与干制

(1)采收

黑木耳成熟应适时采收,以防生理过熟或喷水过多造成烂耳、流耳。正在生长的幼耳,颜色较深,耳片内卷,富有弹性,耳柄扁宽。当耳色转浅,耳片舒展变软,耳根由粗变细,子实体腹面略见白色孢子粉时,应立即采收。采收前干燥2天,使耳根收缩、耳片收边。采收时,采大留小,尽量不留耳基,耳片、耳根一齐采下。采收切勿连培养料一齐带起,否则会影响木耳的商品质量,并推迟第二次采收时间。

采摘后清理料面,继续停水2~3天,使菌丝体恢复,经过10天的管理,可采收第二潮木耳。在正常情况下,可采收3~4潮。

(2)干制

木耳含水量很高,采后应及时干制。采摘下来的木耳采用晒干法或烘干法进行干燥,干制的木耳容易吸湿回潮,应装入塑料袋内密封保存,防止被虫蛀食。干制方法如下:

①晒干:将木耳均匀地撒在晒席上,晒席要架离地面,或者将木耳摊在纱网上,在阳光下暴晒2~3天即可收藏。在晒干之前不宜多翻,以免卷成拳耳或破碎。夏天害虫较多,将木耳多晒一段时间,以便晒死躲在耳片中的害虫,或使其爬到外面。阴雨天只好把木耳放在室内摊晾去水分,待天晴再拿到太阳下晒干或用烘干法烘干。一般4~5千克鲜耳可晒出0.5千克左右的干耳。

②烘干:在大量种植木耳的产区,要建烘干房进行木耳脱水。烘干房必须易于调节温度和通风排湿,烘烤的温度应从低到高,从35 ℃逐渐升到60 ℃,要经常通风换气,使鲜耳的水分很快蒸发掉。烘烤时,如果温度

过低,耳片不够干,就会烂耳;如果温度过高,耳片会被烤焦或自溶。

第五节 鸡腿菇

鸡腿菇,又称鸡腿蘑、刺蘑菇,学名毛头鬼伞,由于在低温时菇体形似鸡腿、肉质似鸡丝而得名,并无鸡肉味。其味甘滑性平,有助消化益脾胃、治疗痔疮的功效,具有很高的食用价值和药用价值。

鸡腿菇是一种适应能力极强的土生菌、草腐菌、粪生菌,栽培原料来源十分广泛,甚至可利用其他食用菌的废料进行栽培。其栽培技术简单易行,且产量高、效益好。

一、生物学习性

1.形态特征

鸡腿菇菌丝体呈白色或灰白色。子实体单生或丛生。菇蕾期菌盖呈圆柱状,和菌柄连接紧密,后期菌盖边缘逐渐脱离菌柄,呈钟状,最后平展。菌盖呈圆柱形,菌盖表面初期硬而光滑,有近似环状排列的鳞片,鳞片初期不反卷,后期表皮裂开,鳞片增大反卷。鳞片初呈洁白色,以后色渐加深,由淡土黄色变为粉褐色。菌柄呈圆柱状,基部稍膨大,上细下粗,色白,并带地失去丝状光泽,纤维质。菌褶厚密、等长、较宽,与菌柄离生,初期呈白色,后期渐变为粉褐色。开伞后,菌褶变为黑色,子实体也随之变软、变黑,完全丧失食用价值。因此,栽培中采收必须适时,应在菌盖保持圆柱形且边缘紧包着菌柄、无肉眼可见的菌环时及时采收。

2.鸡腿菇的生活条件

(1)营养

鸡腿菇是一种腐生菌,菌丝分解利用营养的能力较强。纤维素、半纤维素、葡萄糖、木糖、果糖等均可成为其碳源,棉籽壳、玉米芯、豆秸、花生壳、木屑及稻草、麦秸、玉米秸等均可作为鸡腿菇的栽培材料。其氮源可为蛋白质、铵盐、硝态氮、麸皮、米糠、玉米粉、豆饼粉、尿素等,蛋白胨和酵母粉是鸡腿菇最好的氮源。鸡腿菇能利用各种铵盐和硝态氮,但是无机氮和尿素不是最适合的氮源。鸡腿菇在生长发育过程中,所需的最佳碳氮比为35:1,所需无机盐包括主要元素磷、钾、钙、镁、硫等和微量元素铁、铜、锌、硼等,其中以磷、钾、镁三大元素最为重要。另外,还需要少量的生长素、维生素、核酸和助长剂等。其中,维生素B_1对鸡腿菇的生长发育很重要,缺少时其生长会受影响。

(2)温度

鸡腿菇是一种中温偏高型菌类。孢子萌发的适宜温度为22~26℃,菌丝耐低温能力强,-10℃不会冻死。菌丝生长温度范围为3~35℃,最适温度为24~28℃,35℃以上菌丝停止生长,并迅速老化,自溶变黑。鸡腿菇子实体的生长温度范围为8~30℃,最适温度为16~24℃,低于8℃或高于30℃子实体均不易形成。在适温范围内,温度低,子实体生长慢,但菇体粗壮、肥大、结实,质量好,贮存期长;温度高,子实体生长加快,菌柄伸长,菌盖小而薄,菇质较差,极易开伞自溶。根据其温度要求,纯粹利用自然气温人工栽培时,一般安排在2—6月份接种,8—12月份出菇。

(3)水分与湿度

鸡腿菇培养料的适宜含水量为60%~70%。床栽时含水量可以略高,袋栽时含水量不宜过高。发菌期间,空气相对湿度宜控制在80%左右。子实体生长阶段对环境湿度要求较高,空气相对湿度85%~90%最为适宜。湿度不足,子实体瘦小,生长缓慢。子实体生长要求空气相对湿度不得低于70%,但超过90%容易感病,甚至死亡,最佳空气相对湿度应为85%。若湿度过高且通风差,菌盖易得斑点病。

(4)光照

鸡腿菇菌丝生长不需要光,在黑暗条件下菌丝生长旺盛,较强光照对菌丝生长有抑制作用。子实体生长阶段需要一定的光照,微弱的散射光可使子实体生长得肥嫩、厚实,菇体更白。但强光照射对子实体生长有抑制作用,菌盖鳞片增多,严重影响商品质量。

(5)空气

鸡腿菇属于好氧性菌类,菌丝生长阶段需氧量较少,子实体生长阶段需大量氧气,尤其在出菇阶段,更需加强通风管理。若通风不良,幼菇发育迟缓,菌柄伸长,菌盖又小又薄,形成品质极差的畸形菇。

(6)酸碱度

鸡腿菇菌丝在pH为2~10的培养基中均能生长,但最适pH为6.5~7.5。在菌丝生长阶段,由于呼吸作用及代谢产物积累使培养基pH下降,故在拌制培养料时,应将pH调节至7.5~8。一般通过加入2%~3%的石灰粉进行调节。

二、栽培管理

1.栽培季节

鸡腿菇菌丝生长温度为3~35 ℃,出菇温度为10~30 ℃,最佳出菇温度为16~24 ℃。在自然气候条件下,栽培季节一般安排在9—10月份接种,11月份到次年4月份出菇。各地可根据气候,适当提前或推迟播种。

2.栽培方式

因为鸡腿菇不见泥土不出菇,而且菌丝体抗老化能力强,制好的菌袋在室温下即使放置半年左右,也不影响出菇,所以选择袋栽形式,灵活性更大。制菌袋不分季节、气温,常年可制。平时制好菌袋,放置起来,待温度在15~26 ℃,即可根据市场情况,分期、分批脱袋覆土栽培出菇,供应市场,以获取最佳经济效益。这是其他食用菌不具备的优点,给栽培者带来了更大的机动性和主动性。袋栽时,可与平菇一样,先在无菌条件下制好菌棒(菌棒在较低温度下可保藏较长时间),待准备出菇时,按畦栽法将菌棒排放于畦面上,覆土。

3.栽培料配方

鸡腿菇栽培料要求新鲜、干燥、不发霉、不腐烂,不同地区可就地取材。主要生产配方如表3-5所示。

表3-5 鸡腿菇栽培的主要配方

配方号	成分
1	棉籽壳80%、米糠15%、尿素0.5%、过磷酸钙1.5%、白糖、石膏粉、石灰粉各1%
2	甘蔗渣68%、米糠20%、玉米粉7%、石膏粉2%、石灰粉2%、过磷酸钙1%
3	出菇废料60%、棉籽壳31%、玉米粉7%、尿素0.5%、石灰粉1.5%
4	稻草72%(粉碎)、米糠23%、石膏粉2%、石灰粉2%、过磷酸钙1%
5	木屑40%、棉籽壳56%、白糖1%、磷肥1%、石灰粉2%

以上配方中的各种原料都要粉碎后使用。其中,棉籽壳和玉米芯可用发酵料栽培或熟料栽培,粪草培养基要用发酵料栽培。

4.原料的发酵处理

鸡腿菇最好采用熟料袋式覆土畦栽法。

根据配方将原辅材料计量、加水,充分拌匀。注意加水过程需循序渐进。建堆发酵可根据季节不同来确定料堆的宽度及高度。夏季高温季节可建高1米左右、宽1~1.2米的料堆,低温季节料堆宽度可适当扩大为1.5米以上,以利于升温、保温,在料堆上约隔40厘米打一排气孔通到地面,以免造成厌氧发酵。气温低于10℃时,最好建堆于背风向阳处,并在料堆上覆盖草苫等保温。翻堆可通过观察20厘米以下的料温,超过55℃且维持24小时即进行第一次翻堆,连翻2~4次。翻堆的原则是"内外相调、

上下换位"。具体操作:将原料堆的中上部经过高温发酵而产生大量白色放线菌的基料,翻至新建堆的下部;将原料堆表层5厘米的基料翻至新建堆中部;原堆底部的料翻到新堆的上部。经3次翻堆后,即可达到充分腐熟的目的。每次翻堆均应根据气候状况和基料失水情况酌情补水,7天左右可完成堆酵过程。

发酵完成后,打开料堆摊晾、降温,并同时调整和测试基料。控制含水量在65%左右,pH为8左右,料温在30 ℃以下或与气温相等(夏季)。料内若有较重氨味时,可摊晾散味后拌匀。检查是否有活虫或虫卵,一定要保证不带虫播种,防患于未然。

5. 畦床建造

在露地整畦搭棚,可在大棚内做畦。气温较高时,一般在果园、林地等遮阳、通风处建畦;气温较低时,在背风向阳之地或在大棚内建畦。畦深20~30厘米,长度不限,宽度则根据气温高低而定。气温高时,畦宽不超过80厘米,以利于散热降温;气温低时,畦宽80~120厘米,以利于积热保温。露地畦床还要挖好排水沟,并搭拱形塑料小棚保温。畦床建好后,先浇透水,稍干再将畦底的泥土翻松、耙平、整实,喷洒5%的石灰水或0.1%的高锰酸钾溶液等杀菌消毒,然后即可铺料播种。

6. 铺料播种

一般采用层播法。上料前,先在畦底播一层菌种,上铺一层培养料,厚约5厘米,其上撒一层菌种,再铺上一层5厘米厚的培养料并拍平,最后撒一层菌种压实。共铺3层基料播3层菌种,料厚15厘米左右。用种量为干料重的15%~20%,播种时上层用种多些,中层、下层用种少些,各层菌种所占菌种量的比例为下层30%、中层30%、上层40%。

菌种最好分成蚕豆大小的块状,这样可充分发挥表层的菌种优势,以促使菌丝尽早占领料面,减少杂菌污染。温度偏高时,播种完成后可用报纸或塑料编织袋类直接覆盖料面,然后覆盖一层塑料薄膜(注意不要覆地膜)。温度偏低的季节则在料面上先覆一层1~2厘米厚的处理土(覆土材料的处理见后述),并喷透水,然后盖报纸及塑料薄膜,这样生产效果较好。

7.发菌管理

菌丝长满培养料后,管理上要以降温、增湿、通风为主,并给予适当的散射光刺激,促使菌丝扭结成原基。鸡腿菇喜阴暗潮湿的环境,出菇温度控制在16~22℃,空气相对湿度控制在85%~90%,并通风,保持空气新鲜,促使子实体生长期间菌盖肥大,菌柄粗短。

发菌期间,应及时调控好棚内温度,尽量使其保持在18~26℃。无风晴天,当畦床温度超过26℃时,可覆盖草苫等降温,超过30℃,可两头揭膜通风降温。阴冷下雨天和夜间温度低时,要将两头薄膜封好,并加盖草苫等覆盖物。大雨时,要注意排水,避免畦床内积水。经3~4天,菌丝即开始吃料,35天左右后,鸡腿菇菌丝可布满料层。预覆土的可在土层表面有鸡腿菇菌丝冒出时揭掉覆膜,及时再覆土3~4厘米,并在棚上覆盖草苫等遮阴、保湿、保温。当覆土层表面有鸡腿菇菌丝出现时,表示发菌阶段完成。

覆土方法有两种:一种是一次性覆土;一种是先覆一层直径0.5厘米左右的土粒,等到土层中有菌丝出现后再覆一层细土。鸡腿菇的出菇特性与覆土的厚度有直接关系。同一个鸡腿菇菌株,当覆土厚2厘米时,长出的子实体个头均匀但偏小;直播栽培时,易出现丛生菇、聚生菇;当覆土层厚度超过5厘米时,畦面长出的子实体数量少,不形成丛生,但个头偏大、个体偏长,甚至弯曲、变形,其商品质量受到影响。

8.出菇管理

(1)幼蕾期

在幼蕾期,鸡腿菇对其生活条件要求最严格、最苛刻。最适宜的条件

是温度为20 ℃左右,空气相对湿度为90%左右,通风适中,保持空气新鲜,弱光。尤其通风须适度,千万不可有强风骤然吹进,更不可使棚内温差过大,造成幼蕾萎缩死亡。

(2)幼菇期

较之幼蕾期,该阶段可适当加强通风,但同样不能有强风吹进棚内。

(3)成菇期

随着子实体不断发育生长,对生活条件的要求也逐渐放宽,可保持棚温在15~30 ℃,空气相对湿度为85%~95%即可。给予散射光照,过强的光照易使子实体过早产生翻卷的鳞片,并且使菇体色泽加深。通风条件应随着菇体的发育而不断加强,但仍忌大风吹过,以免菌盖表层龟裂,形成"花菇",影响商品质量。从现蕾到长至七成熟,适宜条件下一般需7天左右的时间。这期间应根据子实体生长发育阶段的不同,实施恰当的管理。

9.适时采收

当鸡腿菇长至七八成熟时应及时采收。手捏其上部不软、无间隙,无鳞片翻卷现象,菌盖光滑、色泽洁白或少量带有褐色斑点时,即应及时采收。采收过晚,开伞自溶,流出黑色的孢子液,完全丧失商品价值。

采收时手持菌柄下部,轻轻旋转拔起,不可切断菇脚,使其留在土层内。采收后的鲜菇应顺头放入塑料或木质容器内。

采收后应及时进行整理和管理畦床。整平畦面,凹洼处补土、整平并喷水,整个畦床亦需补水。补水量以喷透覆土层为度,补水后要将畦床面上露出培养料的地方用土补严。之后,进行保湿、通风、温差刺激管理。经7~10天后,第二潮菇相继长出。鸡腿菇一般可采收3~5潮菇,菌株和培养料不同产量上会有很大差异。

第六节 草 菇

草菇原产于我国,距今已有300多年的栽培历史,又名(美味)苞脚菇、兰花菇、麻菇、中国菇等。草菇在分类学上属真菌门,担子菌亚门,无隔担子菌纲,伞菌目,鹅膏菌科。草菇是我国南方普遍栽培的食用菌。它起源于我国,后由华侨传至马来西亚、菲律宾、泰国等地,近年来在西方国家,如美国、比利时,也有人对这种菇产生了兴趣,在非洲也有人种植。

草菇质嫩味美,若制成干菇香味更浓。加之它属于高温型菌类,适宜在一般菇类不能生长的炎热夏季栽培,而成为夏季生产及供应市场的一种食用菌珍品。栽培草菇主要用稻草、棉籽壳、废棉等材料,来源丰富。栽培后的废料仍可作为有机肥料。草菇从种到收只要半个月,室内、室外都可栽培。在人工菇类栽培技术中,草菇算简单的,发展草菇生产成本低、收益快。

一 生物学习性

1.草菇的形态特征

草菇分菌丝体和子实体两部分。草菇菌盖呈钟形,中央稍凸起。上表面呈灰色或黑色,中央凸起处颜色较深,四周颜色渐淡,至边缘呈灰白色(图3-10)。菌盖的上表面具有放射状的暗色纤毛。菌肉白色,菌褶离生、密集,初为白色,随着发育成熟,后渐变为肉色、棕色、棕褐色。菌柄中生,白色,圆柱形,表面平滑并带有丝状光泽,向上渐细。

2.草菇的生活条件

(1)营养

在栽培中,其碳素营养源多是各种天然纤维素材料,如稻草、米糠、麦

图3-10 草菇的子实体

秆、甘蔗渣、废棉等。总之,含纤维素的材料原则上均可以作为草菇的培养料。草菇菌丝体通过渗透作用,从培养料中吸入分子量较小的单糖,再转化为菌丝体的组分或转换为能量。对于结构复杂的纤维素,菌丝体通过分泌一系列酶将复杂的材料逐步分解成简单的结构,再吸入体内。为了诱导纤维素酶的产生,加速纤维素的分解,可在培养料内加些米糠、麸皮之类。

草菇的正常发育不仅需要有充足的碳、氮养分,而且要求其比例合理,菌丝生长阶段碳氮比以约20∶1为宜,子实体发育阶段碳氮比以(40~60)∶1为宜。生产中因培养料种类不同,有时加麦麸、玉米粉、豆饼粉,或加硝酸铵、尿素等,调节其碳氮比。如果不论什么菇用料千篇一律,甚至不照原配方用料,任意变动,缺这少那,都将难以取得优质高产。

除了碳和氮以外,无机盐,如钾、镁、硫、磷、钙等,也是草菇生长发育所必需的。但在一些天然的纤维素材料中已有足够的含量,一般不必再添加。

(2)温度

草菇是一种高温型菌类。其生长发育的温度范围为15~45 ℃。温度不同孢子的萌发率有所不同,在30 ℃时孢子的萌发率不超过20%,35 ℃以上孢子萌发率才急剧上升,40 ℃时萌发率达到最高,超过40 ℃就急剧下降。菌丝生长最适温度在32~35 ℃。若温度超过45 ℃或低于15 ℃,则菌丝停止生长,甚至死亡。但不同品系在同一温度下其生长速度也不同。子实体发生的适宜温度为28~32 ℃;35 ℃以上易开伞,肉质不结实,子实体较小;低于25 ℃不能出菇。

草菇属于高温型的恒温结实品种,对温度变化反应敏感。室外栽培草菇,应选择气温稳定在23 ℃以上的时段。如果气温低于15 ℃,则不能进行露地栽培。在自然温度为主、人工调节为辅的栽培条件下,安徽省各地夏季均可栽培。

(3)水分与湿度

水分是草菇生长发育的先决条件。草菇培养料的含水量以65%~75%较为适宜。空气相对湿度,在菌丝生长阶段,以70%左右为宜;在子实体分化发育阶段,以85%~95%为宜。如果空气相对湿度低于60%,子实体会停止发育。当空气相对湿度降为40%~50%时,子实体便不再分化,即使已分化出来小菇蕾,也会枯死。但空气相对湿度也不能过高,最好不要超过96%,否则不仅容易引起杂菌污染的发生,也容易造成子实体腐烂。

(4)空气

草菇是好气性真菌,生长发育过程要求有较为充足的氧气供应。如果空气不流通、氧气不足,就会抑制草菇菌丝的生长和子实体的发育。草菇在接种后的三四天内,仅需要极少量的空气,每天只进行短时间的通风换气即可。当子实体形成后,尤其是菇体收获前的一两天,呼吸作用旺盛,对氧气的需求也急剧增加。这时一般要求棚内二氧化碳浓度在0.05%

左右,不得高于0.1%,否则就会对子实体产生危害。生产中坚持必要的通风,但通风不宜过甚,以免造成水分过分蒸发和温度下降。

(5)光照

草菇菌丝的生长可以完全不需要光线,直射光会抑制其生长。草菇子实体的发育需要适量的散射光,必要的光照对其有刺激和促进作用。此外,光照还可以影响子实体的光泽和颜色,随着光照强度的提高,子实体色泽趋深,菌肉组织紧密,且富有光泽;反之,在弱光条件下,菇体色泽变浅,呈浅灰色或灰白色,菌肉趋松,肉质口感差。有报道称,最适宜的光照度为50勒克斯。

(6)酸碱度

草菇是耐碱性较强的品种,草菇菌丝在pH为4~10范围内均可生长,但其菌丝生长的最适pH为7.5,孢子萌发的最适pH为7~7.5。在pH为8的培养料中,草菇的菌丝和子实体均能正常生长发育。因此,在生产过程中培养料的pH一般都调为8~9。

以上几个方面对草菇的正常发育都有直接的影响,它们是既互相联系,又互相制约的统一体。栽培中绝不能只注意一个方面而忽视其他因素,要使各个因子都能满足草菇生长发育的要求,才能够获得理想的生产结果。

二 栽培管理

草菇的栽培技术比其他食用菌栽培技术相对简单些,看起来可以一学就会,但要获得高产、稳产,必须有一套科学的管理技术。根据栽培场所的不同,分为室内栽培和室外栽培;根据原材料稻草的长短,将室外栽培方式又分为长草栽培和短草栽培;根据盛装培养料的器具不同,将室内栽培方式又分为床式栽培和袋式栽培。下面着重介绍室外长草畦地栽培法,其他栽培方法稍作叙述。

1.培养料的配制

作为草腐菌,草菇的培养料多用稻草。其他农业废弃物,如棉籽壳、麦秸、废棉、玉米芯及米糠等,也可用于栽培草菇。栽培基料使用棉籽壳、玉米芯等作原料时,应当进行发酵处理。以稻草、麦秸为原料时,不需进行堆酵处理,只要将原料泡透水,即可直接铺料播种,基本原则是选新鲜、未淋雨、无霉变的稻草或麦秸,2天左右即可泡透。主要生产配方如表3-6所示。

表3-6 草菇栽培的主要配方

配方号	成分
1	稻草85%、草木灰4%、麸皮或米糠2%、棉籽壳9%
2	麦秸92.5%、麸皮5%、尿素0.5%、过磷酸钙1%、石膏粉1%
3	棉籽壳50%、稻草50%
4	玉米芯50%、豆秸粉40%、麸皮10%、另加过磷酸钙2%、尿素0.8%、石灰粉4%、石膏粉1.5%、磷酸二氢钾1%

2.室外长草畦地栽培法

(1)准备

做畦时应将场地灌水浇透,待水渗下去能近地操作时再建畦。播种前5~7天,选通风、向阳、温暖、潮湿的地方做床。床面宽1米,高25厘米。长度一般不超过10米。两边开沟,将挖出的土垫在床面上,畦的四壁拍实。

(2)铺料播种

选用没有被雨水淋湿、呈金黄色的草作为栽培原料,不要用受潮发霉的草,因其养分损失,建堆后不容易维持堆温,出菇少,产量低。建堆前,用1%的石灰水将草浸透,使其充分吸水软化,然后将稻草扭成小把,每把重1~1.5千克。

建堆时,先在畦面四周留出20厘米左右宽的"出菇面",因为后期草菇多从地面长出。在出菇面以内的畦床上先铺一层散草,厚4厘米左右,然后放第一层草把,将草把边内缩7厘米,撒上菌种,宽幅3厘米,中间不要放种。然后在菌种上放第二层草把,播种,每放一层草把依次向内缩7厘米。气温高时,堆4~5层;气温低时,堆5~7层。最上面一层要全面都撒上菌种。草堆要逐层踏实,然后在表面淋少量水,并加盖一层薄土,用散草盖好。气温低于22℃时,还要加盖薄膜保温、保湿。

(3)发菌管理

建堆后,过3天左右,在堆上踩1~2次,使草堆间隙更小,有利于保温、保湿,促进菌丝生长。建堆后次日堆温就开始上升,到第5天左右,中心温度可为50~60℃,外部温度一般应保持在35~40℃。正常情况下,5~6天后,堆温逐渐下降,经过1~2天,温度降为30~40℃,开始出菇。

(4)出菇管理

出菇期间,要求堆温(中心)能经常保持在32~42℃,堆温下降到32℃,草菇就会停止生长。遇到低温,要加盖薄膜防止死菇的发生。3~4天后,每天定时把薄膜从畦边翻起,增加通风透气,到第7~9天出现扭结时,春菇把薄膜的四个角稍掀起一小角,而夏菇可以把薄膜提起5~10厘米,进一步加大通风、透气强度。

出菇期间,要适当增加喷水量,每天早、晚各喷1次。出菇高峰期,中午还要喷水,使空气相对湿度保持在85%~95%,稻草含水量不低于65%。菇床用水以塘水、河水为好,不宜用温度过低的井水。如果遇到暴雨或长时间的阴雨天气,草堆应覆盖薄膜,待雨停以后再掀膜通风换气。

(5)采收

草菇在菌床上生长很快,从堆草播种至出菇只要8~12天,从菌苗出现到成熟仅5~7天。

草菇要趁其菌膜尚未撑破时采收,若开伞后采摘,便失去商品价值。因此,在出菇期间,每天至少要采收2~3次,晚上1次采收尤其不可少。采收后,及时用锋利小刀切除基部腐草和泥沙,以便进一步加工。如果需要做短期贮藏的话,温度应控制在15 ℃左右,低于10 ℃时草菇就会软化出水。

草菇有明显的潮次,每隔6~7天可采收一潮,可采4~5潮。每100千克稻草可采鲜菇10~20千克,整个采收期为30~40天。90%以上产量都集中在第一至第三潮,第一潮菇鲜重约占总产量的60%。

3.室外短草畦地栽培法

此法是将室外畦地栽培草菇传统的长草法改为短草法栽培,不但节省用工,还能使产菇率提高20%。关键环节如下:

(1)整地做床

选择土壤疏松、肥沃的场地,翻松后喷洒5%的石灰水,然后做成东西向的畦床。畦间开沟,畦面施一次腐熟的粪肥。

(2)稻草处理

把稻草切成30厘米左右长,在10%的石灰水中浸泡5~10小时,然后捞起,沥去多余水分。

(3)堆草播种

先在菇床畦面的四周撒上一层干牛粪和菌种,然后铺上15厘米厚的稻草,四周要放整齐,用脚踩实,边踩边浇水。铺好第一层稻草后,在稻草四周再撒些干牛粪和菌种,依此方式堆3层,高30~45厘米。每50千克稻草可做成60厘米宽、1米长的草堆,用菌种量为4~6瓶(750毫升/瓶)。

(4)播种后管理

播种后,覆盖薄膜保温、保湿,上搭荫棚遮阳。控制薄膜内的温度为30~45 ℃,堆料含水量为60%~70%。5~7天开始出菇。等菇蕾长到1厘米左

右时,应喷水管理。12~15天开始采收,可采收3~4潮。生长期约1个月。

4.室内床式栽培法

室内栽培草菇的菇房可以专门设计建造,也可以因地制宜用育秧室、温室、蔬菜塑料大棚、烤烟棚和空房屋等来充当。关键环节如下:

(1)备料

同培养料的配制。

(2)进房播种

将发酵的培养料搬入经过消毒的菇床上,每平方米用培养料35千克。检查培养料含水量,若偏干,可喷适量井水以补足水分。将床面整平整,用撒播法在床面均匀地撒一层菌种,每平方米用750克菌种,用木板压实,并覆盖报纸保湿。

(3)覆土

播种后2~3天,草菇菌丝恢复正常生长后便可覆土,覆盖上1厘米厚的火烧土,再盖上报纸。火烧土在覆盖前应进行过水分调节。

(4)覆土后管理

覆土后4~5天,菌丝开始扭结。如床面干燥,可在床面或菇房空间喷少量水,提高湿度,并适当通风换气,降低菇房内二氧化碳含量,但忌强风吹入菇房,以免影响幼菇的生长。

5.室内袋式栽培法

用聚乙烯塑料薄膜做成筒宽20~25厘米、筒长35~40厘米的塑料筒。装料前,先在塑料筒的一端塞上透气塞(透气塞用麦秆或稻草做成,长6厘米、粗2厘米),扎紧筒口,然后装少量混有棉籽壳培养料的菌种,轻轻压实,继续填装培养料,至袋长的一半,沿袋壁放一层菌种,用一根1.5厘米粗的木棒在料内打孔,以利透气,然后塞上透气塞,扎紧袋口。

将塑料袋堆放在荫棚或室内发菌,堆放层数视气温高低而定,一般3~

5层。菌丝在料内蔓延时,要翻堆1次,使料温一致,发菌整齐。若料温超过40 ℃,应及时散堆降温。

经7~10天,菌丝在料内长透,将两端袋口解开,拔去透气塞,并将袋口翻卷,露出培养料。每天定时向空中和地面喷水保湿,维持棚内的空气相对湿度为90%左右。2~5天后,料面出现原基,再经2~3天即可采收。采完第一潮菇后,清除残根及老化菌丝,在料面喷澄清石灰水,把袋口拉平以利于保湿。经5天左右,可出现第二批原基,按前述方法进行管理。

此法有利于保湿并维持较高料温,便于控制杂菌,还能够有效地提高出菇面积。一般可采收2~3潮,每100千克原料可采收30千克左右的鲜菇。

▶ 第七节 大球盖菇

大球盖菇,又名皱环球盖菇、皱球盖菇、酒红球盖菇,属于球盖菇科、球盖菇属真菌。它是国际菇类交易市场上的十大菇类之一,同时也是联合国粮农组织向发展中国家推荐栽培的蕈菌之一。大球盖菇子实体中含有丰富的蛋白质、维生素、矿物质和多糖等营养成分,对于人体非常有益,因此,大球盖菇逐渐被人们所熟知,我国也在大力发展大球盖菇栽培。

一 生物学习性

1.大球盖菇的形态特征

大球盖菇的子实体单生、丛生或群生,中等至较大,单个菇团有的重数千克。菌盖为扁半球形至扁平,或凸镜形,如果上面有水分,会有一点点黏。幼菇整体白色,有一些小突起在上面,随着其生长,菌盖会逐渐变成红褐色、葡萄酒红褐色或暗褐色,颜色鲜艳,成熟时会变成褐色或者灰褐色(图3-11)。有的菌盖上有纤维状鳞片,随着子实体的生长成熟而逐渐消失。大球盖菇的菌肉非常肥厚,呈白色。

图3-11　大球盖菇的子实体

2.大球盖菇的生活条件

（1）营养

大球盖菇对营养的要求不高,以碳水化合物和含氮物质为主,以稻草、麦秸、竹屑、谷壳、玉米芯、甘蔗渣、木屑、食用菌废料作为主要碳源,以牛粪、鸡粪、麸皮、豆粕等作为主要氮源,以石灰粉作为主要矿物元素来源。

（2）温度

大球盖菇菌丝生长温度为4~32 ℃,低温菌丝生长慢但较抗寒,高温35 ℃以上菌丝会老化、死亡。出菇温度为4~28 ℃,原基分化最适温度为18~25 ℃,以15~20 ℃出菇品质最优。

（3）水分与湿度

培养料含水量要求为60%~70%,以62%~65%最合适。菌丝生长期空气相对湿度以70%~75%为宜,出菇期空气相对湿度要保持在90%~95%,且要保持覆土为湿润状态。

(4)空气

大球盖菇为好气性菌类,菌丝生长期空气足才能生长快。出菇阶段如果二氧化碳浓度过高,易出现畸形菇。

(5)光照

菌丝可以在完全黑暗的条件下生长,原基分化需要散射光刺激,子实体生长阶段要求有较强的光照。

(6)酸碱度

菌丝生长要求料的pH为4.5~9,以pH为5~6.5最适宜,因此,培养料及覆土中可适当添加石灰粉。

二、栽培管理

1.栽培季节

大球盖菇属于中温型菌类。菌丝生长阶段最适生长温度为24~28 ℃,子实体生长阶段(出菇阶段)最适温度为14~25 ℃。

根据大球盖菇的生理特性,栽培大球盖菇出菇期应安排在气温14~25 ℃为宜。根据消费习惯,出菇的高峰期处于春节前后最为理想,所以栽培大球盖菇可安排在10月上旬至12月上旬播种,12月下旬开始出菇最合适。

2.栽培场所及栽培模式

(1)栽培场所

室外栽培是目前栽培大球盖菇的主要方式。温暖、避风、遮阴的地方可以提供适合大球盖菇生长的小气候,半荫蔽的地方更适合大球盖菇生长,但持续荫蔽(如大树下的树荫)会严重妨碍大球盖菇的生长发育。所以,一般可利用冬闲田、龙眼园、香蕉园等半荫蔽的场所进行大球盖菇的栽培。

(2)栽培模式

目前多以室外生料栽培为主。

模式1:利用冬闲田,栽培时采用简易搭瓜棚的形式,不搭棚架直接利用覆盖的草帘来遮阴。

模式2:利用果园、香蕉园或竹林栽培大球盖菇,不需搭棚遮阴,省工、省事。

模式3:利用蔬菜塑料遮阳网大棚栽培大球盖菇。

3.栽培材料

大球盖菇可利用农作物的秸秆作为原料,不用添加其他任何成分,菌丝就能正常生长并出菇。如果在秸秆中加入氮肥、磷肥或钾肥,大球盖菇的菌丝生长反而变差。用木屑、厩肥、树叶、干草栽培效果也不理想。目前大面积栽培大球盖菇一般利用纯稻草或者甘蔗渣等作原料。用于栽培大球盖菇的稻草应是当年产,足够干燥、新鲜的。主要配方如表3-7所示。

表3-7 大球盖菇栽培的主要配方

配方号	成分
1	稻壳30%、杂木屑20%、玉米秸秆30%、玉米芯15%、干牛粪5%
2	玉米秸秆45%、稻壳35%、麦秸15%、干牛粪4%、石灰粉1%
3	稻草或麦秸70%、大豆秸秆20%、干牛粪10%
4	玉米芯40%、其他出过菇的菌棒或感染料50%、稻壳8%、石灰粉2%
5	稻草60%、玉米秸秆20%、花生秸秆15%、干牛粪5%
6	树叶(阔叶)60%、玉米芯30%、大豆秸秆10%
7	稻草50%、玉米秸秆30%、木屑10%、干牛粪10%
8	玉米芯60%、稻壳30%、干牛粪10%

在栽培前稻草必须先吸足水分。可把净水引入水沟或水池中,将稻草直接放进去浸泡,需边浸草边踩草,浸泡时间一般为2天左右。最好能利用pH为9~10的水进行浸泡。

稻草浸水的主要目的:一是让稻草吸足水分;二是除去稻秆表皮的蜡质层,使其变软,便于操作和被菌丝吸收。

除可采用直接浸泡的方法外,也可以采用淋喷的方式使稻草吸足水分。具体做法:把稻草放在地面上,每天喷水2~3次,并连续喷水6~10天。如果数量大,还必须翻动数次,使稻草吸水均匀。

对于浸泡过或被淋透的稻草,自然沥水12~24小时,让其含水量变为最适含水量(70%~75%)。可通过感官经验测定:用手抽取有代表性的稻草一小把,将其反向拧紧。如果草中有水滴渗出,而水滴是断线的,表明含水量适度;如果水滴连续不断线,表明含水量过高,需延长其沥水时间;若拧紧后尚无水滴渗出,则表明含水量偏低,必须补足水分。

4.整地作畦

首先在栽培场四周开好排水沟,防止雨后积水。整地作畦的具体做法:先把表层的壤土取一部分堆放在旁边,供以后覆土用;然后把地整成龟背形,中间稍高,两侧稍低,畦高15~25厘米,宽80~100厘米,长度依场地而定。畦与畦间距离40厘米。若在园林里栽培,可根据园里的地形因地制宜,直接在畦上建菇床。

在整地作畦完成后,应进行场地的消毒,以杀灭虫害,然后撒石灰粉消毒。

5.铺料播种

稻草沥干水分后即可铺菌床,铺料前先喷水湿润畦面。铺草时,第一层堆放的草离畦边约10厘米,厚度8~12厘米,播一层种;第二层料厚10厘米左右,再播一层种;第三层料厚4~5厘米,以不见菌种为宜。

播种时,菌种掰成胡桃大小为宜,播在两层草之间。播种穴的深度可为5~8厘米,采用梅花点播,穴距以20厘米×20厘米为宜。

堆制菌床最重要的是要把稻草压平踏实。草料厚度为20~30厘米,每

平方米用干稻草15~20千克,用菌种1.5~2袋(幅面15厘米×30厘米)。

建堆播种完毕后,在草堆面上加覆盖物,覆盖物可选用旧麻袋或草帘等。覆盖物起保湿作用,防止草堆干燥。

6.发菌管理

建堆前稻草一定要吸足水分,这是保证菇床维持足够湿度的关键。播种后的20天之内,一般不直接喷水于菇床上,平时补水只是喷洒在覆盖物上,不要让多余的水流入料内,这样做对堆内菌丝生长有利。室外栽培需备有塑料薄膜防雨,特别是在播种后的20天内,雨水渗入会造成堆内湿度过大。

菌丝生长阶段应适时适量地喷水。播种后前20天一般不喷水或少喷水,待菇床上的菌丝量已明显增多,占据了培养料的1/2以上后,若菇床表面的草干燥发白则可适当喷水。

建堆播种后1~2天,堆温一般会稍微上升。要求堆温为20~30℃,最好控制在25℃左右,这样菌丝生长快且健壮。

7.覆土

播种后30天左右,菌丝接近长满培养料,这时可在堆表覆土。菇床覆土一方面可促进菌丝的扭结,另一方面对保温、保湿也起积极作用。一般情况下,大球盖菇菌丝在纯培养的条件下,尽管培养料中菌丝繁殖很旺盛,也难以形成子实体。覆盖合适的泥土并满足其温度、湿度需求,子实体可较快形成。也可以在播种完成后直接覆土。

覆土材料要求肥沃、疏松,不板结,能够吃水。实际栽培中多就地取材,选用质地疏松的稻田壤土。

覆土方法:把预先准备好的壤土铺撒在菌床上,厚度为2~4厘米,最多不要超过5厘米。覆土层湿度要求为36%~37%。土壤湿度的简便测试方法是用手捏土粒,土粒变扁但不破碎,也不粘手,就表示含水量适宜。

覆土后若菌床较干可喷水,要求雾滴细些,使水湿润覆土层而不进入料内。正常情况下,覆土后2~3天就能见到菌丝爬上覆土层,覆土后主要的管理工作是调节好覆土层的湿度。为了防止内湿外干,最好采用喷湿上层覆盖物的方法。

8.出菇管理

一般覆土后15~20天,若环境温度适宜(12~25 ℃)即可出菇。此阶段管理工作的重点是保湿及加强通风透气。大球盖菇出菇阶段适宜的空气相对湿度为90%~95%。要注意菇床的保湿,通常保持覆盖物及覆土层呈湿润状态即可。出菇期间若覆土层干燥发白,必须适当喷水,使之达到湿润状态。喷水切忌过量,多余的水流入料内会影响菌床出菇。

9.采收

当子实体的菌褶尚未破裂或刚破裂,菌盖呈钟形时为采收适期。采收时,用拇指、食指和中指抓住菇体的下部,轻轻扭转一下,松动后再向上拔起。注意避免松动周围的小菇蕾。采过菇后,菌床上留下的洞要及时补平,清除留在菌床上的残菇,以免其腐烂后招引虫害而危害健康的菇。采下来的菇,应切去其带泥土的菇脚。整个生长期可采收3潮菇,一般以第二潮的产量最高。每潮菇相间15~25天采收。

第八节 双孢蘑菇

双孢蘑菇俗称蘑菇、白蘑菇、洋蘑菇。双孢蘑菇是世界各国普遍在生产和消费的菇类,有"世界菇"之称。

一、生物学习性

1.双孢蘑菇的形态特征

双孢蘑菇是由菌丝体和子实体(图3-12)构成的。菌丝白色,有横隔,多细胞、多分枝,为筒状。子实体单生或群生,菌褶白色,表面光滑,初期为球形,随着子实体生长逐渐展开,呈伞形。子实体幼嫩时被一层薄膜包着,成熟时菌膜破裂,菌伞展开,菌褶露出。菌柄离生,呈半辐射状,有长有短,交错排列。菌柄初期为白色或粉红色,后变为咖啡色。菌环膜质,白色,生在菌柄中部。菌丝体的主要功能是从死亡的有机质中分解、吸收、转运养分,以满足菌丝增殖和子实体生长发育的需要,在食用菌生产中,菌丝体充分生长是获得丰收的基础。

图3-12 双孢蘑菇的子实体

2.双孢蘑菇的生活条件

双孢蘑菇的生活条件包括营养和环境因素两个方面,而双孢蘑菇的不同发育阶段所需要的生活条件又有所差异。

(1)营养

双孢蘑菇能利用的碳源很广,包括各种单糖、双糖、纤维素、半纤维素、果胶质和木质素等。单糖类可直接被菌丝吸收利用,复杂的多糖类需经微生物发酵,分解为简单糖类才能被吸收。双孢蘑菇可利用有机态氮(氨基酸、蛋白胨等)和铵态氮,而不能利用硝态氮。复杂的蛋白质也不能直接被吸收,必须转化为简单有机氮化物后,才可作为氮源被利用。

双孢蘑菇生长要求培养料具有适宜的碳氮比。一般地,其菌丝生长适宜的碳氮比为(17~18):1,故堆肥最初的碳氮比要按(30~33):1进行调制。因为在堆制发酵过程中,有机碳化物分解会释放二氧化碳,导致碳氮比下降,故而发酵好的培养料碳氮比正好符合双孢蘑菇生长的需求。

双孢蘑菇所需的无机盐种类很多,其中有主要元素磷、钾、钙、镁、铁等,也有微量元素铜、锌、钼、硼、钴等。

除以上主要营养成分外,菌丝生长和子实体形成还需生长素类物质,如维生素等刺激素。试验证明,维生素B_1、α-萘乙酸、三十烷醇等都有刺激双孢蘑菇菌丝生长和子实体形成的作用。

微量元素和生长素类物质虽是双孢蘑菇生长不可缺少的物质,但因需求量极少,培养料主、辅料中已有足够的含量,不必另外添加。

在双孢蘑菇栽培中,常以作物秸秆、壳皮、畜禽粪等富含纤维素质的原料为碳源,由麸皮、米糠、玉米粉和饼粉、尿素等提供氮源,添加石膏、碳酸钙、磷肥等以满足其对各种无机盐营养的需求。

(2)温度

一般地,双孢蘑菇菌丝生长阶段要求温度偏高,菌丝生长的温度范围为6~34 ℃,最适生长温度为24~26 ℃。因品种的温型不同,最适温度有所不同。温度偏高,菌丝生长快,但菌丝稀疏、细弱,易早衰。在培养菌种过程中,若温度过高,会出现菌丝吐黄水现象。但温度也不能太低,低于

3℃菌丝便不能生长,10℃左右菌丝生长缓慢,生长周期长,菌龄不一致。只有在最适温度范围内,菌丝长速适中、健壮、生命力强。

子实体发生和生长的温度范围为6~24℃,以13~16℃最适宜(温型不同有一定差异)。如果温度高于18℃,子实体生长快、出菇密,但朵型小、组织松软、柄细而长、易开伞;如果温度低于12℃,子实体生长慢、出菇少、个体大、质量好,但产量低;如果温度低于5℃,子实体便不能形成。担孢子萌发温度为18~27℃,以20~24℃最适宜。

(3)水分与湿度

培养料的含水量以60%~65%为宜。若低于50%,菌丝常因水分供应不足而生长缓慢,菌丝稀疏、纤细,子实体也因得不到足够水分而难以形成。若培养料含水量过大,导致通气不良,菌丝体和子实体均不能正常生长,且易感染病虫害。

菌丝生长阶段要求环境空气适当干燥,空气相对湿度为75%左右适宜。若超过80%,易感染杂菌。子实体发生和生长需要的适宜空气相对湿度为80%~90%。若长期超过95%,可引起菌盖上积水,易发生斑点病;若低于70%,菌盖上会产生鳞片状翻起,菌柄细长而中空;若低于50%,停止出菇,原有幼菇也会因干燥而枯死。

(4)空气

双孢蘑菇是好气性真菌,在生长发育各个阶段都要通气良好。它对空气中的二氧化碳浓度特别敏感。菌丝生长期适宜的二氧化碳浓度为0.1%~0.3%,菌蕾形成和子实体生长期适宜的二氧化碳浓度为0.06%~0.2%。当二氧化碳浓度超过0.4%时,子实体不能正常生长,菌盖小,菌柄长,易开伞。当二氧化碳浓度达0.5%时,出菇停止。因此,在双孢蘑菇栽培过程中,一定要保证菇房内空气流通而清新。

（5）光照

双孢蘑菇整个生命周期都不需要光线。在黑暗的条件下，菌丝生长健壮浓密，子实体朵大、洁白，菌肉肥嫩，菇形美观。

二 栽培管理

双孢蘑菇的栽培方式可分为床架式栽培、地畦式栽培等。这些方式既可在室内进行，也可在室外大棚进行。下面着重介绍床架式栽培法（图3-13），其他方式与此大同小异。

图3-13　床架式栽培

1.配制培养料

培养料的好坏直接关系到双孢蘑菇栽培的成败和产量高低。双孢蘑菇培养料目前有粪草培养料和合成培养料两大类。

（1）粪草培养料

以粪肥、干稻草或麦秸配制培养料，可采用粪草比例为1.5:1或1:1两种配方，如表3-8中的配方1和配方2。

（2）合成培养料

不用粪肥或少用粪肥，而以稻草或麦秸为主要材料，配以含氮量高的尿素、硫酸铵或饼肥等。在配制合成培养料时，不宜只采用一种氮肥，因为堆肥的腐熟是多种微生物共同发酵的结果,不同种类的微生物需要不同的氮源。在配制培养料时,还需添加一定量的磷、钾、钙等营养元素。由于合成培养料的腐熟比粪草培养料慢,尤其是小麦秆、玉米芯等不易腐熟,还需添加微量元素以加速麦秆等的腐熟,同时为培养料增加营养成分。主要合成培养料配方见表3-8中的配方3和配方4。

表3-8 双孢蘑菇栽培的主要配方

配方号	成分
1	干牛粪58.45%、干稻草或麦秸39%、过磷酸钙1%、尿素0.05%、硫酸铵0.5%、石膏粉1%。
2	干牛粪47.45%、干稻草或麦秸47%、菜籽饼4.5%、尿素0.05%、石膏粉1%
3	稻草92.9%、尿素0.1%、硫酸铵2%、过磷酸钙2.5%、碳酸钙2.5%
4	稻草99%、石灰氮0.1%、尿素0.05%、硫酸铵0.15%、硫酸钙0.35%、过磷酸钙0.35%

目前安徽省栽培双孢蘑菇主要集中于淮南或有养牛业的地区,培养料配方一般为干粪(猪粪、牛粪)50%、干草(稻草或麦秸)46%、过磷酸钙1%、石灰粉1%(第一次翻堆加入)和石膏粉2%(第二次翻堆加入)。

2. 堆料

堆料前要准备好材料。粪肥应晒干,不要淋雨。若来不及晒干,则可挖坑倒入、拍紧、密封。用干粪堆积效果好,牛粪最好晒至半干时粉碎成粉状,再晒至干透。稻草、麦秸等材料需选用新鲜、无霉烂的,使用前须切割成20~30厘米长的小段,以便其吸水,也便于翻堆。

双孢蘑菇培养料的堆积腐熟发酵一般分为两个阶段:第一次发酵与第二次发酵。

(1)培养料的第一次发酵

通过高温发酵,使培养料中大分子的有机物分解成能被双孢蘑菇吸收的小分子有机物,使粪、草疏松,消除臭味、消灭病虫害,为双孢蘑菇创造一个良好的生长发育环境。

粪草培养料第一次发酵时间较长,需15~20天。以稻草为主的合成培养料第一次发酵时间需10~15天,以麦秆为主的合成培养料第一次发酵时间较长。

使用的粪和草均需先预湿。麦秸吸水能力差,应浸泡2~3天;稻草吸水快,只需浸泡1天即可;干粪在堆制时用水调湿润。

①建堆:先铺一层25厘米厚的草,上面再铺3厘米厚的粪,草、粪交替上堆,共计10~12层即可。料堆一般长11.5米、宽2.5米、高1.5米,堆顶呈弧形。堆的大小要适度,料堆过大则升温快、发酵快,易产生白化现象,使营养过度消耗,通气不良,还会产生厌气发酵,导致发酵失败;料堆过小则升温慢、发酵慢,拖长了发酵时间,影响生产。上堆时粪草要铺平,第四层以上增加浇水。其他辅料在第三层开始加入,加到第八层,从第九层开始不再加入。上完堆的料,要用草帘覆盖,下雨时要用塑料薄膜盖起来,防止被雨淋,造成营养流失。

②翻堆:即定时将堆积的粪草抖松拌和,使堆积的培养料发酵均匀、一致。一般须翻堆3次。上堆3天堆温可升为70℃左右,第一次翻堆一般在上堆4天后,翻堆时要补足水分,加入石膏粉。经过3天后可进行第二次翻堆,只在水分少的地方补水,避免水分过量造成无氧呼吸状态,同时加入过磷酸钙。再经过3天可进行第三次翻堆,一般不再加水,料内含水量控制在75%左右(手用力握可在指缝挤出7~8滴水)。具体翻堆时间、次数还要根据天气和粪草的种类、堆内温度变化而灵活掌握。翻堆必须当天翻完,翻后将堆覆盖好。

(2)培养料的第二次发酵

即将第一次发酵的料移入菇房后再一次发酵。具体步骤:先将经第一次发酵好的培养料搬入菇房床架上,关闭门窗,升温为58~60℃,维持6~

8小时,进一步杀死料中的虫、卵和病害、杂菌。然后通风降温,在12小时内逐步将料温降为48~53℃,维持3~5天,促进一些有益微生物的生长,将培养料转化为易被双孢蘑菇菌丝吸收和利用的物质,同时使能刺激竞争性杂菌生长而抑制双孢蘑菇菌丝生长的氨气挥发。

经过第二次发酵,培养料的颜色呈红褐色或红棕色,料内长满高温放线菌,无臭味,尚有发酵的清香。

3.播种

经室内发酵后,打开门窗及排风筒,排除药液气味或热气,及时进行翻料。若培养料偏湿或料内氨气过浓时,在料面喷2%~3%的甲醛水溶液,随后密闭一夜,次日打开门窗通风后再翻料一次加以清除。播种前需先测量料温,若温度超过30℃,可再翻料一次降温,待培养料温度下降为28℃以下时才可播种。

播种前要对菌种质量进行检查,选用优质菌种。优质菌种的标准是纯度高,菌丝浓密、旺盛、生命力强。粪草种的培养基呈红棕色,有浓厚的蘑菇香味,不吐黄水,无杂菌、虫害。

选择播种时间十分重要。由于双孢蘑菇菌丝生长阶段要求温度较高,子实体发生阶段要求温度较低,因此一般都进行秋播或深秋播。长江流域各省多数在9月份上中旬温度在28℃以下时播种,10月份中下旬开始采收,12月份秋菇采收结束。至次年3月份气温回升又可出菇,至5月份春菇结束。

一般地,使用粪草培养料每瓶(750毫升)菌种可播0.28~0.33平方米,使用合成培养粒每瓶菌种可播1.33~1.67平方米。常采用混播加撒播方式,即先将2/3菌种撒在培养料表面,再将菌种翻入料中5厘米深处,与培养料混合,然后将剩下的1/3菌种撒在料面上。工具及操作人员的手都要严格消毒,菌种瓶表面及瓶口均用0.1%的高锰酸钾溶液消毒,近瓶口那一层菌种弃用。

4.播种后管理

播种后关闭门窗，仅留背风的窗少量通风，潮湿天气可打开门窗通风。3天以后，当菌丝已经萌发，并开始长出培养料时，菇房通风应逐渐加大。如气温在28℃以上，为防止高温影响室内温度，可在中午关闭门窗，只开北面的窗，同时注意夜间通风。雨天要多开门窗通风。播种5~7天后，菌丝已经长大，为了促进菌丝向料内生长，抑制杂菌发生，需加强通风，降低空气湿度。

播种7天后要进行检查，如发现杂菌及病虫害，应及时处理。如发现培养料过湿或料内有氨气，为了使菌丝长入料内，可在床架反面打洞，加强通风，散发水分和氨气。

5.覆土

双孢蘑菇栽培最突出的特点就是培养料必须覆土。覆土的主要作用是蓄积水分和养分，供给双孢蘑菇生长所需要的水分及其他矿物元素。土料中某些有益细菌的代谢产物含有多种激素，能刺激双孢蘑菇子实体的形成。覆土还具有支撑子实体、降低渗透压等作用。

覆土材料要疏松柔软，吸水性强，持水力高。常用覆土有粗细之分。粗土直径2厘米左右，其质地以壤土为好，要选毛细孔多、有机质含量高、团粒结构好、持水量大，且含有一定营养成分的土壤。菇房每平方米床面约需粗土35千克。细土直径约为0.5厘米，如黄豆大小，每平方米床面需20千克左右，其质地以稍带黏性的壤土为宜。一般以挖取的湖泥、塘泥、河泥等作为土粒效果好。先将土粒日晒12小时，再用5%的甲醛水溶液消毒，以杀灭虫卵、消灭杂菌。

覆土的具体时间是根据料层菌丝的深度来决定的，当菌丝大部分都已伸展到床底时，便是覆土的适宜时期。先覆粗土，隔7~10天再覆细土。

一般粗土覆2.5~3厘米厚,细土覆1厘米厚。

6.出菇前管理

从覆土到出菇大约需要20天的时间,正是由菌丝体变成子实体的关键时期,管理的好坏直接影响双孢蘑菇的产量和质量。这期间要求室温保持在20~25℃,空气相对湿度保持在80%左右,覆土后2~3天把土粒喷湿,要用雾化水少喷、细喷、勤喷,使土粒含水量保持在20%左右(手指可握扁而不粘手),促进菌丝在粗土粒中很好地生长。当子实体原基出现后(粗、细土粒间有米粒大小的白点),菇房要降温到18℃以下,同时喷催菇水,每平方米喷0.7~0.9千克的水,每天喷1次,连续喷2~3天。如果此时发现菌丝疯长不倒伏,可加覆细土粒,并通风换气,以抑制菌丝疯长,使其倒伏,并扭结形成原基。

7.出菇管理

双孢蘑菇从播种到开始采收,一般需要35~40天。长江流域各省多于9月上旬播种,10月中下旬到12月下旬采收秋菇,一般可收5潮菇。第一、第二、第三潮出菇集中,两潮菇间隔期为7天左右,第四、第五潮及春菇出菇不集中,产量减少。秋菇产量占总产量的70%左右。

出菇期间的管理工作主要有水分管理、通风换气、挑根补土及追肥等。

(1)水分管理

覆细土后10天左右,扒开上层细土,看到许多绿豆大小的白色小菌蕾时,就要及时喷一次重水,这被称为"结菇水"。每天喷水1次,每次喷水量为1千克/米^2,连续喷2~3天。喷水是为了增加细土湿度,同时也使粗土上半部得到水分,促使菌蕾迅速形成和长大,并使粗土层的菌丝粗壮有力。当菌蕾普遍形成并已长到黄豆大小时,需及时喷第二次重水,这被称为"出菇水",方法与第一次相同,用量较第一次稍重,每次喷水量为1.2~1.4千克/米^2。再次加大细土的湿度并使粗土得到水分,促使子实体迅速长大出土,这样出菇多、均匀,转潮快。除喷重水期间外,其余时间每天喷水1次,气候干燥时可喷2次,每次喷0.25~0.36千克/米^{2}的水。前三潮出菇间隔期间,一般被称为"落潮",应减少喷水量,每天喷水1次,每次喷0.2千克/米^2。前三潮菇生育期间气温较高,喷水最好在早、晚进行。

喷水力求均匀,雾点要小,喷头要提高一些,并稍有倾斜,以减少对小菇的冲击。喷水后尽量多开门窗,不喷"关门水",避免菇房闷热,使菌丝老化或者滋生杂菌。采菇前不喷水,防止手捏处菌伞发红,影响质量。

秋菇前期温度较高,出菇多,空气相对湿度应为90%~95%。如气候干燥,除往床面适当多喷水外,需要在走道空间、墙壁和地面喷水,以增加空气相对湿度。如果菇房内空气相对湿度过低,则子实体生长缓慢并容易产生鳞片和"空根白心"现象。但也不宜超过95%,否则影响菌丝生长,并容易产生杂菌、锈斑等病害。采菇高峰过后,气温渐低,空气相对湿度可低一些,为85%~90%即可,空中、地面不再喷水。

春菇后期温度较高,蒸发量大,应增加菇房内空气湿度。如气候干燥,仍需在走道空间、墙壁和地面喷水,并加强通风,降低室内温度。也可采用喷水机来喷水。

(2)通风换气

秋菇前期菌丝生长旺盛,出菇多,释放出大量的二氧化碳,需要加强通风,保持菇房内空气新鲜。但这一时期气温较高,又需保持较高的空气湿度。因此,菇房主要在早、晚或夜间通风。

春季气温尚低时,通风在中午气温较高时进行,以利于提高菇房温度。4—5月份气温上升,宜早、晚和夜间通风,以免热空气进入室内,增加菇房温度。

(3)挑根补土及追肥

每次采收以后,菌床上遗留下的老根、死菇要及时清除干净。因老根已失去吸收养分和出菇的能力,且占位置,使下面的菌丝生长受到影响,有碍出菇。如果时间长腐烂后,容易引起病虫危害。同时,要把采菇时带走的泥土用较湿润的细土重新补平,保持原来的厚度。另外,还要及时追肥,补充营养。

8.采收

当双孢蘑菇长到符合标准大小时,应及时采收。双孢蘑菇旺盛生长期(图3-14)采收应该遵循"菇多采小、温高采小、质差采小"的原则,以保证质量。用作鲜销的双孢蘑菇可以采得稍大些,但不能开伞,否则会降低其商品价值。旺产期一般每天采收两次,以保证质量。

图3-14　双孢蘑菇旺盛生长期

采收有一定的方法。菇密时,采菇要用拇指、食指、中指捏住菌盖,轻轻旋转采下,以免带动周围的小菇。多个菇丛生在一起的球菇,采收时要用刀小心地切下大菇留下小菇,不能整个搬动,否则其他小菇都会死掉。秋菇采收第二潮后,床面菇稀少时,采菇可以直接将菇拔起,这样能同时带出一部分老根。采菇时要经常用湿手巾将手指上的泥土擦掉,采下的双孢蘑菇应整齐地放入篮中,以免其受损。

双孢蘑菇采收后,随即用小刀把菌柄下端带有泥土的部分削去,加工的双孢蘑菇菌柄长短按收购标准要求切削。在削菇时,动作要轻,避免机械损伤,刀要锋利,这样菌柄平整,质量好。削菇后进行分级,将不同等级的双孢蘑菇分别放置于垫有纱布、棉垫或薄膜的筛或篮中,上面盖上纱布,及时交售。

9."绿霉"的防治

(1)症状及发病原因

该病害一般在播种后1~2周内发生,发生该病后菇房内有一股浓浓的霉味。初始在培养料表面和料内形成白色菌丝,气生菌丝直竖于料面上,长5厘米左右。尔后,这块料内的绿霉菌丝由白色转变为橄榄绿色或褐色,油菜籽般大小的子囊果着生在培养料上。该病发生处的培养料发黑、发黏且有很重的霉臭味,发病部位料内的双孢蘑菇菌丝生长受到严重的抑制。通常还伴有较多的鬼伞和褐色石膏霉的发生。发病原因往往是培养料的配方不合理、发酵工艺不科学、播种季节安排不当等。

(2)综合防治措施

橄榄绿霉的病原菌主要来自双孢蘑菇的培养料,料的余氨含量高、湿度高、通透性差和环境温度偏高都可以诱导该病发生。就目前而言,还没有很好的药物来防治绿霉污染,必须围绕双孢蘑菇培养料的整个制备过程来制定该病的综合防治策略。

①选用新鲜无霉变的材料作为培养料,合理地配制培养料的碳氮比,减少化学肥料的投入量,增加生物有机复合肥的用量。

②根据当地气候条件科学合理安排播种期和培养料堆制期,起堆前要让培养料吸足水分。

③改进发酵工艺。提高第一次发酵的建堆、翻堆质量;第二次发酵的温度尽可能控制在58~62℃,尽量不要超过65℃,时间也不能太长,以8~

10小时为宜;第二次发酵的培养阶段温度不可大起大落,应控制在46~48℃,时间应足够长,并注重通风供氧,使游离氨转化为菌体蛋白。

④发酵结束后若培养料含水量偏高、氨味重,则可视情况采用以下方式处理:一是封棚重新进行培养,直到合格为止;二是加大通风和翻堆的力度,让水分和氨味散去,在料偏干时还可利用甲醛、过磷酸钙等固氨。

当绿霉病害发生以后,应视病害严重程度来处理。若只有少量零星发生则人工扒除即可;若整床以上大面积发生,则应将病床料重新进行一次发酵。

第九节 羊 肚 菌

羊肚菌属子囊菌亚门,盘菌纲,盘菌目,羊肚菌科,羊肚菌属,为低温、喜湿、好氧性菌类。由于其菌盖表面多为不规则的蜂窝状褶皱,外观形似羊肚而被命名。它主要分布在我国的云南、四川、甘肃、新疆、陕西、辽宁等地,安徽、河南境内也有。其肉质脆嫩、风味独特,高蛋白、低脂肪,营养价值非常高,有着"素中之荤"的美誉。它还含有多种营养和药用活性成分,具有抗氧化、抗肿瘤、降血脂、消除焦虑、改善睡眠、调节免疫力等诸多作用。食用、药用价值极高,开发应用前景广阔。目前,羊肚菌栽培技术日趋成熟,不少地方已出现规模化栽培。

一、生物学习性

1.羊肚菌的形态特征

羊肚菌的菌丝体(图3-15)生长过程中先为白色,后渐渐变为淡黄色,颜色逐渐加深,并形成红褐色的菌核。其子实体(图3-16)常由1个可孕菌盖和1个不孕菌柄组成,多为单生、散生,亦有群生。菌盖卵形或圆形,表面有许多小凹坑,浅褐色,外观似羊肚。菌盖边缘全部与柄相连,表面凹凸不平,呈蜂窝状。菌柄圆柱形,白色,幼时上表面有颗粒状突起,后期变平滑,基部膨大且有不规则的凹槽,子实体中空。野生羊肚菌子实体大小、形状、颜色差异较大,这与其所处的环境和气候因素有关。

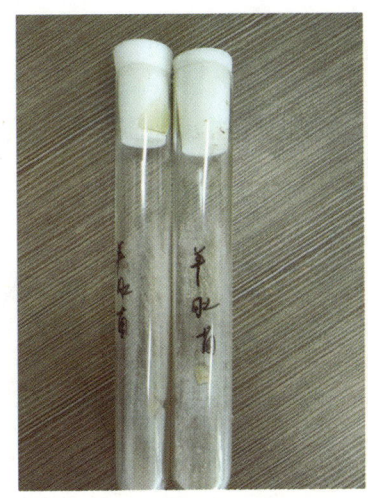
图3-15 羊肚菌的菌丝体

图3-16 羊肚菌的子实体

2.羊肚菌的生活条件

（1）土壤

羊肚菌对土壤要求不高,pH为6~8、中性或微碱性的土壤有利于羊肚菌生长。灰炭土,黑、黄沙壤土,沙质混合土均适宜其生长,如土壤中富含腐殖质则更有利于羊肚菌生长。

（2）温度

羊肚菌菌丝生长最低温度为3 ℃,最高温度为28 ℃,适宜温度范围为13~24 ℃,最适温度为17~22 ℃,菌核形成温度为16~21 ℃;子实体形成与发育的温度范围为4~16 ℃。

（3）水分与湿度

羊肚菌为喜湿性食用菌,菌丝生长期要求基质含水量为40%~60%,子囊果生长期基质含水量应控制在30%左右,空气相对湿度控制为80%~95%。

(4) 空气

羊肚菌为好气性真菌。随着氧气的增加,其菌丝生长速度加快。良好的通风换气对子囊果的形成和生长有促进作用,从而有助于羊肚菌产品品质的提高。

(5) 光照

光照会阻碍菌丝和菌核生长,子囊果的形成和生长期需要透光度为30%~50%的散射光。发菌后期,一定强度的光照有利于菌丝分化,形成原基。

二、栽培管理

羊肚菌生产场地要清洁卫生、供排水方便、供电稳定、场地开阔,生产区域应远离工矿区、交通主干道、工业污染源、垃圾场、受污染的河塘等。生产用水要符合生活饮用水卫生标准要求。栽培料配制用水和出菇管理用水中不得加入药剂、肥料或成分不明的物质。

羊肚菌栽培采用拱形温室大棚、日光温室、菌菜一体化复合棚等设施。大棚一般为镀锌管钢架结构,棚面覆盖材料由内到外依次为无滴膜、4针遮阳网、保温或隔热材料,并配套喷水管道和雾化装置。

1. 栽培季节

根据羊肚菌菌丝、原基形成及子实体生长的适宜温度,安徽北方地区宜在8—9月份制袋培养,10月份播种,同年12月份至来年3月份进行出菇管理。

2. 品种选择

应使用由正规资质的菌种公司提供的菌种,选用优质、高产、抗逆性强、商品性能好的适龄菌种。优良菌种的菌丝应洁白粗壮,无杂菌污染,菌核淡黄色至黄棕色。

3.培养基配方

羊肚菌栽培可利用的原料有麦粒、阔叶树木屑、麦麸、玉米芯、谷壳等。一般以新鲜无霉变,无害虫,富含纤维素、半纤维素的木屑为主料,木屑需提前堆置3~6个月,以麦麸、玉米芯、谷壳、腐殖土等为辅料。主、辅料重金属含量不得超标,不能有农药残留。羊肚菌原种、栽培种、营养袋原料及其配比可参考表3-9。

表3-9 羊肚菌培养基的主要配方

配方号	成分
1	杂木屑45%、麦粒42%、腐殖土10.8%、石灰粉1%、石膏粉1%、磷酸二氢钾0.2%
2	杂木屑40%、麦粒22%、麸皮10%、谷壳15%、腐殖土10%、石灰粉1%、石膏粉1%、蔗糖0.8%、磷酸二氢钾0.2%
3	玉米芯36%、杂木屑30%、麦粒25%、腐殖土5%、石灰粉1%、石膏粉1%、蔗糖1.8%、磷酸二氢钾0.2%

4.菌袋制作与培养

菌种的制作按照食用菌菌种生产技术规程要求进行。按相应配方将培养料混拌均匀,料水比为1:(1.3~1.4),pH调节为6.5~7,拌好料后及时装袋。羊肚菌菌种生产可采用15厘米×28厘米的高压聚乙烯袋,营养袋可采用12厘米×24厘米的聚丙烯袋或高压聚乙烯袋。装料宜松紧适度,菌种袋口用无棉盖体或棉塞封口,营养袋直接扎口。装袋后马上灭菌,常压(100℃)灭菌,保持8~10小时;高压(121℃)灭菌,保持1.5~2小时。袋内料温自然下降为25℃左右时即可按无菌操作规程进行接种。

接种完毕及时移入清洁的培养室,培养袋不可摆放过密,袋与袋之间留2~3厘米空隙,以便通风散热。菌丝生长期,培养环境温度控制在15~20℃,空气相对湿度保持在60%~70%,一般10~15天菌袋即可长满菌丝。发菌期间勤检查菌袋生长情况,发现被污染菌袋及时处理。

5. 整地与播种

采用畦床式栽培,棚内地面需提前去除杂草和碎石杂物,均匀撒石灰粉消毒、灭虫,然后翻耕做畦。畦床的畦面宽0.8~1.2米,畦高15~20厘米,长度不限,畦间设30厘米宽的排水沟。

播种可采用撒播或开沟条播方式,每亩(1亩≈666.7平方米)地播种量为150~200千克。在畦床上均匀撒播或开沟条播,开沟深5厘米,间隔20~25厘米。播种时,先将菌种脱袋破碎,然后喷洒0.5%的磷酸二氢钾溶液混匀,使菌种湿润,再均匀撒到沟中,覆土耙平,覆土厚度为3~5厘米。

6. 营养袋补充与覆膜

播种后3~7天可进行营养袋补充,用排钉板在营养袋的一面扎孔,有孔一面与土壤接触,成行摆放,每亩地摆放营养袋1 800~2 000袋,摆放完覆盖黑地膜保湿。发菌期间温度控制在10~20 ℃,土壤湿度保持在18%~25%,一般1个月左右可完成发菌。

7. 出菇管理

当地温稳定在4 ℃以上时去掉黑地膜,控制温度为4~16 ℃,畦面灌一次大水,使土壤湿度为25%~30%,维持散射光,控制光照度为300~500勒克斯,早、晚通风,5~10天出现原基。幼菇生长期注意水分、温度、光照和通风的管理。

(1)水分管理

每天喷雾水一次,水量以湿润地面为宜,喷水要"勤""细""匀",避免存水。空气相对湿度保持在80%~90%为宜。

(2)温度管理

暖棚出菇一般从当年12月份开始,此期间以保温为主,晚上要盖严草帘或棉被,白天日光充足时卷起遮盖物增加光照。温棚出菇一般从来年3月份开始,此期间昼夜温差大,应避免温度突然升高,可以用喷水降温、增大通风和增加覆盖物等方式降温,使温度控制在6~16℃为宜。

(3)光照管理

子实体生长需要散射光,避免强直射光,光照度以300~800勒克斯为宜。生产上,菇棚不可全覆盖过厚的草帘,棚上可加盖遮阳网保持稳定的散射光。

(4)通风管理

每天早、晚通风1~2次。通风要和保温、保湿、遮光协调进行,不可不通风,也不可通风过多。注意低温和大风天气要少通风,高温和阴雨天气多通风,早、晚喷雾水前后适当加强通风。菇蕾分化期少通风、多保湿,菇蕾生长期多通风、促蒸发。

8.采收

羊肚菌子实体采收要求在八成熟以内,此时成菇高8~14厘米,菌褶打开,菌肉厚实。采收时用不锈钢刀或竹片刀从子实体基部割下,再去掉泥根。因子实体脆嫩易碎,需小心轻放。

9.主要病虫害防治

羊肚菌栽培中主要病虫害有细菌、霉菌、跳虫、蛞蝓、菇蚊及菇蝇等。防治方法遵循"预防为主、综合防治"的方针,坚持以"农业防治、物理防治为主,化学防治为辅"的原则进行绿色食品生产。具体方法如下:

(1)农业防治

保持菇棚及周围环境卫生清洁;选用抗病性好、抗逆性强、适温广的良种;注意生产原料和菌种制作过程的规范,避免杂菌侵入;采用科学的管理方式,避免高温、高湿。

(2)物理防治

及时摘除病菇,受杂菌污染的菌棒应远离菇房实行封闭式销毁;采取用粘虫板、黑光灯等光源诱杀害虫,在通风口安装防虫网等措施防治。

(3)化学防治

生产前可结合场地整理进行药剂除草、消毒与灭虫,选用能在食用菌上使用的药剂有针对性地进行防治,但出菇期间不得向子实体上喷药。

▶ 第十节 黑皮鸡枞菌

黑皮鸡枞菌是长根菇的一个变种,又名"长根菇""长寿菇",是珍稀食药用菌中的一个品种,属于担子菌亚门,层菌纲,伞菌目,口蘑科。

其菇是食药用菌中的上品,肉质细嫩、柄脆、口感好,富含蛋白质、氨基酸、脂肪、微量元素硒及真菌多糖等多种营养成分,具有降低血压、抑制幽门螺杆菌的滋生、修复破损胃黏膜等多种功效,是一种药食兼用型真菌,营养价值与药用价值高。

一 生物学习性

1.黑皮鸡枞菌的形态特征

黑皮鸡枞菌外表黑褐色,菌帽伞型,内为嫩白色,菌褶细密整齐,菌肉白色,紧致平实(图3-17)。

图3-17 黑皮鸡枞菌的子实体

2.黑皮鸡枞菌的生活条件

（1）温度

黑皮鸡枞菌属高温高湿土生木腐菌，菌丝生长适温为20~28 ℃，出菇适温也在这一温度范围内，这与多数食药用菌不同。

（2）水分与湿度

菌丝适宜的基质含水量为65%~70%，出菇则需要85%~95%的空气相对湿度。

（3）光照

黑皮鸡枞菌出菇期喜黑暗至弱光，光照度以100~200勒克斯为宜。

（4）通风

二氧化碳浓度要控制在0.3%以下，若通风不良，则黑皮鸡枞菌的菌柄细长，但通风会使温度与湿度降低。

（5）酸碱度

菌丝生长的培养基质pH以6.5~7.2为好。

二 栽培管理

选好场地，背北朝南，建造日光温室，室内配备浇水与喷水系统、照明、紫外线消毒灯、通风风机等。为了让黑皮鸡枞菌避光，在室内拱架上绑上遮阳网，在晚秋、冬季、早春时节用室外卷帘机卷起棉被，利用日光为室内增温。一般能栽香菇、木耳的原料均可栽培黑皮鸡枞菌。

1.栽培季节

黑皮鸡枞菌属中高温型食用菌，适宜在秋季制作栽培袋，春、夏季栽培出菇。它的菌棒一般在适温下60天以上达到生理成熟。可利用自然温度较高时节出菇，出菇时间在4—11月份，管理恰当可6小时采摘一次。事实上，黑皮鸡枞菌接种一般被安排在冬初年末。如此安排有几个方面的好处:一是此时农活少,养菌温度合适,可大大降低污染率,来年可提高单产;二是有条件的单位可在冬季提高温度,在春节前后气温低的条件下出菇,价位高;三是随着季节的变化,温暖气候更适于菌丝生长。

2. 栽培的配方

黑皮鸡枞菌原种与栽培种的培养基配比参考表3-10中的配方1,栽培料的配比参考表3-10中的配方2~6。

表3-10 黑皮鸡枞菌栽培的主要配方

配方号	成分
1	棉籽壳5%、阔叶树木屑60%、麸皮33%,磷酸二氢钾和碳酸钙各1%
2	棉籽壳30%、麸皮20%、阔叶树木屑48%、磷酸二氢钾和碳酸钙各1%
3	发酵干棉籽壳78%、麸皮20%、蔗糖与碳酸钙各1%,含水量60%~65%
4	木屑29%、玉米芯29%、麸皮20%、玉米粉10%、豆粕10%、碳酸钙1%、石灰粉1%,木屑、玉米芯预湿发酵半个月
5	棉籽壳35%、麸皮20%、玉米芯18%、木屑18%、玉米粉5%、豆粕3%、石灰粉1%
6	木屑30%、棉籽壳45%、麸皮21%、蔗糖1.5%、碳酸钙2%、硫酸镁0.5%

3. 装袋、灭菌、接种与培养

先将棉籽壳、木屑等预湿,至含水量为75%左右,再把磷酸二氢钾或蔗糖溶于桶装的水中,在预湿的棉籽壳、木屑中添加1%的石灰粉。预湿后的棉籽壳、木屑等不可堆放,只能摊开,以免发酸。第二天,按照配方,再把预湿的棉籽壳、木屑、麸皮、磷酸二氢钾或糖水和碳酸钙混合搅拌均匀,把含水量调至68%左右。

制袋时采用17厘米×33厘米聚乙烯塑料袋,装袋应压料至袋高15厘米。装料松紧适度,料中间须打一直径为1.5~2厘米的洞,以利于接种时菌种块滑落洞中,使菌丝快速吃料,从而达到缩短培养期和减少污染的目的。装好的菌袋及时放入灭菌锅灭菌,采用常压或高压灭菌。常压灭菌,温度升至100 ℃后,保持15小时左右,再焖2小时出锅;高压灭菌,在压力150千帕下保持6~7小时。灭菌结束待料包温度降至常温后,移至消毒好的接种室进行无菌操作接种。

之后将所有菌袋统一移入培养室进行避光、通风培养。菌丝生长阶段,最适宜的温度范围为18~26 ℃,空气相对湿度为60%~65%。黑皮鸡㙡菌菌龄长,菌丝长满袋需30~45天,再经35~45天培养,培养基表面出现黑褐色菌皮或组织时,表明菌丝已生理成熟,可进入出菇管理阶段。

4.挖畦及摆棒

畦长根据温室的宽度决定,一般长6~7米、宽1.2米、深29厘米。先将畦的四角按畦的长和宽方向钉上铁桩或木桩,拉上线,线距地面3厘米,距畦底26厘米。挖好畦后,向畦内四周、畦底喷洒多菌灵溶液或石灰水上清液灭菌。

在畦内按梅花桩法摆棒,菌棒间间隔2厘米,横看成行,纵看成行,斜看也成行。菌棒摆好后,向菌棒上喷洒0.1%的多菌灵溶液或石灰水上清液灭菌。然后覆土3厘米左右,再喷洒0.1%的多菌灵溶液或石灰水上清液灭菌。黑皮鸡㙡菌是土生木腐菌,覆土可以发挥土壤中微生物的活力,使子实体发生得更多,生长得更健壮。

覆土灭菌后要一次性大水浇透,再相隔7~8天第二次浇大水,然后相隔7~8天第三次浇大水。使菌棒吸水充足,菌丝恢复活力,为出菇做好准备。

5.出菇管理

此时料面的气生菌丝会转成褐色,这是菌袋生理成熟的标志。若发现菌袋表面有褐色菌皮,则是培养期遇到高温产生黄水,菌丝被黄水长期浸泡而形成的,开袋时在挖除陈旧菌种块的同时耙掉菌皮。开袋前,应先将透气性良好的菜园土晒干、晒透并堆成堆备用,用塑料薄膜盖好,四周

压好,在堆的一侧掏窝,用高锰酸钾与福尔马林发烟熏蒸24小时。然后打开塑料布,将菜园土摊开,消除气味。准备工作做好后,把已生理成熟的黑皮鸡枞菌袋脱袋,仍按梅花桩式摆码在挖好的畦中,横竖成行,斜看也成行,再均匀覆盖3厘米的上述田园土,一次性大水浇透,在地温24 ℃以上,气温稳定在25 ℃左右时,15~20天就可现蕾出菇。气温在26~28 ℃时出菇快且质量好。每天间隔6小时采摘一次,每年亩产可超过5 000千克。

黑皮鸡枞菌是中高温品种,26~28 ℃是其最佳出菇温度,要注意通风,排除二氧化碳,使子实体茁壮生长。若二氧化碳浓度高,易使黑皮鸡枞子实体菌柄细长,商品价值降低。通风与升温、保湿是矛盾的,所以要注意通风次数与通风时间。

6. 采收

当子实体菌柄长到8~9厘米时达到采摘标准,用右手的拇指与中指捏住黑皮鸡枞菌子实体的菌柄,往上旋拧提拔,根对根放入筐内,然后集中削根分级,以达到销售标准。一般每6小时采摘一次,采大留小。当日光温室或塑料大棚畦床内子实体采摘达到一定量,出现稀稀拉拉的现象时,就可以清棚消毒处理,重新种植作物。采摘时如果丛生黑皮鸡枞菌粘连,要用手把大个的与其他的分离开来采摘。切不可将采摘下的黑皮鸡枞菌子实体随意放进筐内,否则子实体上带的泥土不好清理,会导致其吃起来很碜牙,影响其市场售价。

▶ 第十一节　灵　芝

灵芝属于担子菌亚门,层菌纲,多孔菌目,灵芝菌科,灵芝属。灵芝属有100多个品种,在分类上一般以赤芝为代表种。灵芝是一种名贵中药,据我国汉代的《神农本草经》和明代的《本草纲目》记载,灵芝有益心气、养心生血、助心充脉、安神、益脾益肺、强筋骨、利关节、治耳聋等功效。近代研究发现，灵芝不但对癌症、脑出血和心脏病有疗效，还对胃肠、肝肾疾病及白血病、神经衰弱、慢性支气管炎、哮喘等有显著疗效。此外，灵芝还有强精、消炎、镇痛、抗菌、解毒、利尿、净血等多种作用和功效。因此，灵芝被誉为"健康食品之冠"。

一、生物学习性

1.灵芝的形态特征

灵芝是由菌丝体和子实体(图3-18)组成的。其子实体为木栓质，菌盖呈肾形或半圆形，盖宽3~20厘米，厚1~3厘米。幼时皮壳呈黄色，成熟时变成红色，有光泽。但成熟的子实体菌盖常覆盖孢子，呈棕褐色而无光，有环状轮纹和辐射状皱纹，边缘薄，菌肉灰白色或淡褐色，厚约1厘米，菌柄侧生，紫褐色、有光泽。

图3-18　灵芝的子实体

2.灵芝的生活条件

(1)营养

灵芝孢子的细胞壁双层,壁厚,所以萌发较困难,尤其是老熟的孢子。要使孢子萌发,一般应取初始释放的孢子,存放时间长的孢子萌发率低。在马铃薯、小米、麦麸培养基上孢子都能萌发。在培养基中加入10%~20%的灵芝子实体抽提液,则孢子萌发更快。子实体抽提液的制备是将子实体剪碎,0.5千克子实体加2~4千克水煮沸后保持20分钟,再过滤取汁。灵芝是一种木腐菌,在人工培养过程中,必须提供足够的碳素、氮素和矿物质营养。由于菌丝生长初期不能直接吸收大分子物质,所以培养料中应加部分葡萄糖或蔗糖与氨基酸。但灵芝菌丝在生长过程中能产生相应的酶分解料中的大分子物质,满足自己对营养的吸收和利用。

(2)温度

灵芝属于高温型菌类,孢子萌发的温度为24~30℃,最适温度为28℃;菌丝生长的温度范围是20~35℃,以25~28℃最为适宜;子实体分化和生长的温度为25~28℃。若温度长期低于20℃,表面菌丝和菌蕾会变黄、僵化,以后即使提高温度,子实体也难以长好;若长期超过33℃,子实体也会生长不良,甚至死亡。

(3)水分与湿度

灵芝培养料的适宜含水量为60%~70%,低于30%时菌丝不能生长。菌丝生长期间,空气相对湿度应控制在65%~70%;在子实体生长发育阶段,空气相对湿度应控制在90%~95%。若低于60%,2~3天之后,幼嫩子实体就会由白色变为灰色,形成畸形子实体。在室内或塑料棚内栽培时还要处理好通风与湿度的关系。

(4)空气

灵芝是好气性真菌,它的整个生长发育过程中都需要新鲜的空气。尤其是子实体生长发育阶段，对二氧化碳更为敏感。当空气中二氧化碳含量增至0.1%时，子实体就不能开伞，长出鹿角状分枝；含量达1%时，子实体发育极不正常，无任何组织分化，形成畸形。

(5)光照

灵芝在生长发育过程中对光线非常敏感。光照对菌丝生长有明显的抑制作用，黑暗无光条件下菌丝生长速度最快。当光照度增加到3 000勒克斯时，菌丝生长速度只有全黑暗条件下的1/2。但子实体生长发育阶段又不可缺少光照，在光照度为1 500~5 000勒克斯的条件下，子实体生长迅速，菌柄粗壮，菌盖肥厚。

(6)酸碱度

灵芝喜欢在偏酸性的环境中生活，要求pH为3~7.5，最适宜的pH为5~6。

二 栽培管理

人工栽培灵芝有段木栽培和代料栽培两种方式。目前广泛采用的为代料栽培，其生长周期短、工序少、成本低、产量高。

1.灵芝段木栽培

段木栽培灵芝是传统的栽培方法，分为生段木栽培和熟段木栽培两种。生段木栽培灵芝是用未经灭菌的段木直接接种培养，又称长段木栽培(段木长1~1.2米)。熟段木栽培又称短段木栽培，是近年来广泛采用的栽培方法，将段木截成短段(段木长30~40厘米)，灭菌后再接种培养、覆土，转化率高，质量好，是一种值得在林区推广的方法。

(1)生料段木栽培

①段木准备：能够栽培灵芝的树种有很多，但以栎、枫香、槐、榆、桑、悬铃木等木质较硬的段木栽培灵芝产量高，用材质疏松的杨、枫杨、桐等

段木栽培产芝期短，产量低。一般2月份准备段木，段木直径要求为10~15厘米，长1~1.2米，"井"字形堆起架晒。经40天左右，当从段木截面看，由木质部中心向外有放射状裂纹、树皮和木质部交界处出现深色环带时即可接种。

②接种与发菌：3月上中旬接种，接种穴深1.2~1.5厘米，直径1~1.2厘米，穴距6~8厘米。接种后用相应大小的树皮块盖于穴面或用熔化的石蜡涂于接种穴表面，以防菌种干萎、死亡。接种后的段木要堆垒并覆盖塑料薄膜，控制适宜的温度和湿度，使其迅速发菌。段木以"井"字形堆放发菌，每根间距1~2厘米，堆高1米，堆好后盖塑料薄膜，上面再盖草帘。为保持发菌一致应每隔一周翻堆一次，上堆半月后塑料薄膜留出孔隙，以利于通气。堆内温度应保持在26~28℃，空气相对湿度保持在80%左右，以塑料薄膜内有水珠出现为宜。若条件适宜，5~6周后在段木接种穴口有白色菌丝出现、菌落直径7~8厘米或子实体原基出现时菌棒即可埋于土中进行出芝培养。

③室外埋土栽培：生段木栽培灵芝子实体的培养方法与室外代料栽培的管理方法大致相同。选择通风、环境清洁的地方挖一条宽1.2米、深16厘米、长度根据需要而定的浅坑，上面排放发好菌或出现子实体原基的菌棒。段木之间留出一指宽缝隙，中间用细土填实。在段木上覆盖2~3厘米土，保持与地面平行或稍高，然后喷水，使土壤保持湿润而不粘手为宜。正常情况下30天左右可以出芝。四周开排水沟，上建30~40厘米低荫棚，上盖塑料薄膜，再盖草帘以遮阴及防雨水冲刷。生段木栽培灵芝一般可长2~3年，其中第二年产量最高，每100千克段木可产干芝3千克左右。

(2)熟段木栽培

①段木准备及灭菌：熟段木栽培灵芝因段木经灭菌处理后菌丝发育迅速，故接种应比生段木栽培晚20天左右，3月上旬将适宜灵芝生长的、

直径6~15厘米的段木截成长12~15厘米的短段,用塑料袋包装,塑料袋一般长85厘米、宽65~75厘米。装袋时,先用竹片或铁丝圈成比袋直径稍小的圆圈,将段木塞入圈中,塞紧,将整捆段木装入袋中,两端横断面要平整,每一塑料袋可装两层打捆的段木。装好后将袋口束拢、扎紧,口外再用纸包住,放入灭菌锅中灭菌。高压灭菌(150千帕压力下)保持1.5小时,常压灭菌(100 ℃)保持10小时,不要排气,让其自然降温,待温度降为30 ℃左右时出锅。

②接种及菌材培养:接种按照常规要求无菌操作,接种时两层段木接3层菌种。需要注意的是,每根段木上都要接到菌种,每根段木的接种量为5~10克。接好后袋口仍按原要求束拢、捆扎,然后送培养室发菌。菌材培养的温度、光照、空气湿度与代料栽培要求相同。培养过程中,当菌丝生长缓慢或菌材表面出现皮状菌膜时可用针尖在袋口处刺孔来增加袋内的氧气,刺孔后袋上用清洁的报纸覆盖,防止杂菌进入。菌材接种后30~40天,菌丝已充分长入菌材内部、菌材表面有少量子实体原基出现时即可埋于土中栽培。埋土法的栽培管理同室外代料栽培。

2.灵芝代料栽培

就是利用木屑、玉米芯、玉米秆或棉籽壳来代替段木进行灵芝栽培。代料栽培可节约树木资源,充分利用农副产品,对农业资源的利用具有重要意义。

灵芝代料栽培有多种方式,这里重点介绍塑料袋栽培法。

灵芝代料栽培的工艺流程:备料→粉碎加工→配料→装袋→冷却接种→菌丝培养→开孔排放→灵芝生长→采收贮存。

塑料袋栽培法因具有原料易得、成本低、产量高、便于管理和运输等优点,是目前代料栽培灵芝的主要方法。塑料袋栽培灵芝有室内栽培和室外仿野生栽培两种出芝方式。这两种方式的配料、接种、料袋培养要求完全相同,在出芝时前者将料袋置于室内床架上或叠放在室内地上,后者将料袋埋在室外荫棚下的土中,仿野生灵芝生长环境,让灵芝从土中长出。

(1)季节安排

灵芝的产量、质量与其代料栽培生产季节安排有密切的关系。根据灵芝生长发育对温度的要求,一般来说,以4月份上、中旬接种为宜,5月份制栽培袋,6—9月份出芝。

(2)栽培的配方

灵芝原种与栽培种的培养基配方参考表3-11,常用的培养料配方见表3-12。

表3-11 灵芝原种与栽培种培养基的主要配方

配方号	成分
1	杂木屑78%、麦麸或米糠20%、蔗糖1%、石膏粉1%
2	杂木屑75%、米糠25%,另加硫酸铵0.2%
3	棉籽壳44%、杂木屑44%、麦麸或米糠10%、蔗糖1%、石膏粉1%
4	杂木屑80%、米糠20%

表3-12 灵芝栽培料的主要配方

配方号	成分
1	杂木屑78%、米糠或麦麸20%、蔗糖1%、石膏粉1%
2	棉籽壳78%、麸皮20%、蔗糖1%、石膏粉1%
3	玉米芯粉75%、过磷酸钙3%、麸皮20%、蔗糖1%、石膏粉1%
4	玉米芯粉50%、木屑30%、麸皮20%
5	木屑40%、棉籽壳40%、玉米粉或麸皮18%、蔗糖1%、石膏粉1%
6	稻草粉45%、木屑30%、麸皮25%
7	稻草粉35%、麦秸粉35%、米糠25%、生石灰2%、石膏粉2%、蔗糖1%
8	豆秸粉(花生壳、棉秆粉)78%、麸皮20%、蔗糖1%、石膏粉1%

将上述配方中的稻草、麦秸、玉米芯、豆秸等去除杂质和霉变部分晒干、粉碎,杂木屑、生石灰、过磷酸钙等过筛,按规定比例分别称好,混合

均匀。把蔗糖用清水溶化后徐徐加入混合料中,搅拌均匀,使含水量为60%~65%。用手紧握一把料,手指间有水印即可。

(3)装袋与灭菌

培养料拌好后应及时装入袋中,以免杂菌繁殖、培养料变质。要求选用耐高温、韧性强、透明度好,厚度为0.045~0.055厘米、宽度为17厘米的聚乙烯菌袋,长度可采用30厘米或35厘米两种规格,短袋每袋可装干料0.5千克左右,长袋可装0.75千克左右。若采用高压灭菌,应采用聚丙烯菌袋。

一般应在拌料当天装袋灭菌。装袋前,将料袋一端用线绳扎紧,系一活扣,以利于解袋接菌种。培养料装袋有机械和手工两种方式。机械装袋培养料松紧度一致、进度快、质量好;手工装袋要求边装边用手压实,并掌握合适的松紧度,当袋子装到料离袋口7~8厘米时,用线绳扎紧并系一活扣。搬动时应轻拿轻放,装好的料袋应及时送入灭菌灶灭菌。常压灭菌时要求在100℃下连续灭菌8小时以上,高压灭菌在140~150千帕压力下保持1.5小时。

(4)接种与发菌

灭菌后当料温降为30℃以下时,将袋子移入接种箱或无菌室,以无菌操作方式解开两端袋口,装入蚕豆大小块状菌种,接种量应为干料重的1/10左右,然后扎好袋口进行培养。培养室要门窗齐全,地面以水泥、砖地为佳。在其投入使用前应打扫干净,进行常规消毒。接种后的料袋送入培养室培养架上或码在地上,培养室温度应保持在25~30℃,空气相对湿度保持在65%~70%。从培养的第三天开始应每天检查一次菌丝生长情况及有无杂菌污染,发现杂菌污染的菌袋应及时拣出并进行处理。经15~20天培养后,可松开袋口,让新鲜空气进入袋内,加速菌丝生长。当灵芝菌丝长到袋长的2/3后,增加培养室湿度,促进原基形成和子实体发育。这

样的栽培袋可在1个月内长满菌袋,比不松口培养法可提前15~20天出芝。

(5)出芝期管理

当菌丝长满料袋、气温超过22℃时,就应解开袋口,增强通气,增加光照,促进子实体形成,进行出芝期管理。灵芝塑料袋代料栽培按出芝场所不同可分为室内栽培和室外栽培。室内栽培灵芝由于温度、湿度、光照等环境条件容易控制,子实体生长快,虫害少,产量高。室外栽培增加了管理难度,但由于环境中空气好,光线均匀明亮,生长速度慢,所产子实体肉厚、质坚、光泽足,质量接近野生灵芝,在市场上更受欢迎。

室内栽培灵芝可采用单层卧放层架式和墙式层叠式两种放置方式。

单层卧放层架式出芝:层架宽140厘米,层距55厘米,底层离地面30厘米,层数不超过6层,顶层距屋顶不少于120厘米,层架间走道宽70厘米。菌袋摆放时,袋口朝向走道,在层架上放置两排,袋与袋之间相距3厘米。菌袋朝上那面每隔10厘米用刀片划个"十"字形出芝孔,划痕长为1.5厘米左右。每袋划2~3个出芝孔,然后在划出的孔上覆盖较薄的塑料薄膜,使出芝孔内保持稳定的温度、湿度和空气环境,待菌蕾形成后再揭去薄膜。

墙式层叠式出芝:在地面上每隔70厘米放一行两砖宽的单层砖,菌袋放置在砖上面,袋口朝向走道层叠放置,一般菌墙堆10~12个袋高。近年来,用菜园肥土和泥将菌袋按一层泥一层袋砌成菌墙的栽培方式,由于产量能大幅度提高而被广泛采用。砌菌墙前,先找来一条35厘米长的薄木条,在木条一端20厘米内,每隔4~5厘米钉一根大头针,针头露出3~4毫米,共钉5~6根。另一端用手握住,在发好菌丝的菌袋表面均匀地拍打2~3次,刺破菌袋,然后用泥砌菌袋,形成菌墙。注意袋与袋之间要留1厘米左右空隙,中间用泥填实,使每一菌袋都被肥土包围。菌墙顶端用泥做成槽式,用地膜铺在洼槽上,上用大头针均匀地刺出小孔,以便菌墙保持湿润状态。干时在水槽内灌少许0.5%的尿素和磷酸二氢钾溶液，让其缓慢下渗。这种方法能保持水分，同时供应养分，管理容易，能使灵芝产量提高超过30%。

室内栽培灵芝温度应控制在25~28 ℃，散射光保证充足，空气相对湿度保持在90%以上。墙式栽培经10天左右，会在塑料袋口的培养基表面出现黄豆粒大小的白色突起，即为灵芝原基。此时应剪开两端袋口，加强管理，创造适宜灵芝子实体生长发育的条件，以获得优质、高产。

室外栽培灵芝有多种方式，从建棚方式上可分为阳畦埋土栽培和荫棚埋土栽培，从菌袋脱袋后的放置方式上又可分为平放和竖放。各地可根据不同条件灵活运用。

阳畦栽培：是指在向阳、通风的地方开挖半地下式保护地进行的灵芝栽培方法。据测试，畦内平均气温比外界高3~5 ℃，空气相对湿度高15%~19%，适宜北方气温较低的地区。阳畦一般应东西向，畦宽1~1.2米，长8~10米，地下挖40~60厘米，挖出的湿土沿畦面南北边垛成50厘米高的土墙，用细竹在墙上扎成拱形骨架，竹间距为50厘米，拱高80厘米，棚高1.6~1.8米，拱架用塑料薄膜覆盖后再用秸秆或草帘遮阴。在架下东西向筑畦两行，畦间走道宽70厘米左右。栽培时，将菌袋用刀片划破脱掉。如果平放，畦深约10厘米，袋间距1~2厘米，菌袋之间最好用80%的肥土、17%的木屑和石膏、磷肥、蔗糖各1%配制的营养土填至袋上3厘米，表面用板刮平。菌袋如果竖放，畦深应挖到40厘米，将脱去袋膜的菌筒竖直放入畦内，排放时注意筒顶要在同一平面上，筒间距为8厘米左右，然后填土至筒顶以上3厘米。埋土后应随时灌水，待畦内土壤松散时对其表面进行修整，保持畦面平整。以后视畦土湿度再喷水。一般要求畦土用手指能捏扁但不粘手，含水量在18%~20%为宜，直至出芝结束一直保持这样的湿度。

荫棚埋土栽培：荫棚一般宽3~3.5米，高2米，长度视栽培数量而定。棚

架用毛竹或木棍做立柱,间距2米左右,棚顶、柱子用竹竿相连。棚架用铁丝捆扎结实,上用茅草或稻草遮阴,能抗大风及阴雨天气。内挖两畦,畦宽1.3米左右,畦长不限,畦间走道宽60厘米左右。菌袋的埋土方法和要求与阳畦栽培基本相同。菌筒埋于土中后要再建拱形塑料棚,建棚时用细竹竿或竹片弯成拱形,拱架间距60厘米,拱高70厘米,架好后盖膜将整个畦面盖住,以使灵芝的生长有一个适宜、稳定的环境。

灵芝室外脱袋埋土栽培由于受气候影响大,应注意加强管理。温度应控制在25~28℃,土壤湿度保持在18%~20%。灵芝刚开片时不能喷水过多,雾滴应细小,子实体稍大时喷水量可适当增加,子实体散发孢子时停止喷水。注意通风换气,保持棚内空气新鲜。

当灵芝菌盖已充分展开不再长大,边缘浅白色或浅黄色消失,边缘色泽与菌盖中间颜色相同,菌盖变硬有光泽,弹射棕红色担孢子时即为成熟。这时应及时在灵芝子实体下铺上塑料薄膜并停止喷水,收集孢子粉。待灵芝充分成熟后,先将子实体连柄一齐拔出,塑料袋或段木内的子实体残留部分用小钩掏出,然后剪去菌柄下端带有培养基的部分,及时晾干或烘干,装塑料袋内保存,并注意经常检查,防虫、防霉变。

第十二节 茯　　苓

茯苓又名茯灵、茯菟、不死面、松腴、金翁、松伯芋等,隶属于真菌门,担子菌纲,多孔目,多孔菌科,茯苓属(卧孔属)。我国对茯苓的认识和应用历史悠久,据《史记》《神农本草经》等著作中记载,在2 000多年前就发现了茯苓,并用来防治疾病。我国对茯苓进行人工栽培的历史也很早,据记载,距今1 000多年前的南北朝时期就已有人栽培茯苓,1403—1424年郑和下西洋时,就把茯苓远销到海外。

一 生物学习性

1.茯苓的形态特征

菌丝体是茯苓的营养体。幼嫩时呈白色绒毛状,起初呈放射状生长,并紧贴培养基表面,组成菌丝较稀薄的一环。随着菌丝不断向前生长,逐渐形成彼此相间排列的多个同心环纹菌落。随着气生菌丝的不断增加,培养基表面的环纹逐渐消失。这种"环纹菌落"是茯苓菌丝体早期生长的特征。菌丝老熟时呈红棕色或褐色,细胞壁加厚。

菌核是茯苓的药用部分,是其营养贮藏和休眠结构。其形态有圆球、椭圆、卵圆、扁圆或板状不规则形等(图3-19),质量相差很大,小的只有0.5千克,大的可达5千克,偶尔有的质量达50千克。菌核表皮为松皮状,稍皱或多皱,黄褐色、棕褐色乃至黑色,内部白色或淡粉红色。整个菌核由无色菌丝(少量为棕色菌丝)、分生孢子、粉质物(茯苓糖)和粘胶物质组成。菌核的近

图3-19 茯苓

皮处有很多菌丝,纵横交错,其分枝的末端有球形或卵形半糊化淀粉粒状的颗粒,无色透明,折光性强,菌丝和颗粒之间有薄片状黏液。在离茯苓皮较远接近中心处,菌丝逐渐稀少,几乎全由颗粒体和黏液薄片组成。

子实体为茯苓的繁殖体,无柄,大小不一,平铺于菌核表面,起初为白色,老后或干后变为淡黄白色。菌管密集呈蜂窝状,其长度几乎与子实体的厚度相等,直径约0.52毫米。管壁薄,孔口为多角形,老时呈齿状。担孢

子无色、透明、表面光滑,近圆柱形或梭形或倒圆柱形,有一弯曲的嘴尖。

2.茯苓的生活条件

(1)营养

菌核中贮藏的大量养分是由苓木的纤维素等分解转化而来的,因此,茯苓产量愈高,需要的碳源(松木等)就愈多。在纯培养中,葡萄糖、蔗糖、淀粉、纤维素等均为碳源,而蛋白质、氨基酸和尿素等都是较好的氮源。

(2)温度

孢子在28℃以上环境下,经过24小时就会萌发,48小时可看到微细的菌丝。菌丝在10~35℃环境下都可生长,28~32℃生长快且健壮,10℃以下生长缓慢,0℃以下处于休眠状态,35℃仍可存活,但易衰老。白天32~36℃,夜间20℃左右,有利于分解松木及养分积累,也有利于菌核形成。若持续高温或温差小,通气好,则消耗养分多,影响结苓;若连续低温,则菌丝生长慢,分解力弱,菌核不能长大。子实体在20℃以下生长发育会受到影响,孢子也不散落。

(3)水分与湿度

入窖的段木含水量必须在20%以下,土壤湿度以25%为宜,窖内空气相对湿度以50%~60%为宜。栽培茯苓要求苓场干燥,若苓场潮湿、温度低,则段木湿度大、通气不良,会致茯苓菌丝发育不好。

(4)空气

茯苓在固体培养基上方产生大量气生菌丝。液体静置培养时,菌丝也只能在其表面和浅层生长。苓场的土质一定要多沙少泥,含沙量为70%左右的土壤通气性和保水性都比较理想。入窖后覆土一定要薄,才能保证茯苓菌丝在蔓延过程中接触到充足的空气,菌核才能生长良好。

(5)光照

茯苓菌丝生长不需要光照,菌核在黑暗中能正常生长发育,但子实体形成必须有散射光。光照可提高苓场的温度,造成较大的昼夜温差,促进土壤水分蒸发,使其通气性良好。因此,等到茯苓菌丝体发育完成之后,光照愈强,对茯苓生长就愈有利;反之,光照弱,苓场温度低,土壤湿度大,通气不良,茯苓就不能很好地生长,但也不能直接使用强光照射。

(6)酸碱度

茯苓的生长发育主要以苓木作碳源,其中分解纤维素的纤维酶必须在弱酸性条件下才具有最大的活性。pH为3~7茯苓菌丝都能正常生长,其中以pH为4~6较好。因此,在配制培养基时,应注意调整其酸碱度,以免菌丝生长不良。在配方中,我们常用磷酸二氢钾而不用磷酸氢二钾,就是因为前者能增加氢离子浓度,从而降低了pH。

二、栽培管理

茯苓栽培方式以段木栽培为主,还有树蔸栽培。下面分别做简要介绍。

1.段木栽培

(1)选树

种植茯苓的树木主要是松树,如马尾松、黄山松、云南松、赤松、黑松等,目前正在试用杉木、枫香、木麻黄等,树龄20~40年、树径10~20厘米的中龄树最好。老龄木(松脂多)及幼龄木(材质松)栽培效果均较差。阴山(成林)木比阳山(孤立)木好,肥土木比瘦土木好,低山木比高山木好。这是因为生于阴坡肥土的松树,笔直高大,松油较少,材质较松,茯苓产量高;阳坡瘦土的树多弯曲,节密枝茂,材硬(木质素多,纤维素少)油多,不利于菌丝生长,茯苓产量较低;低山肥土松木,茂密成林,树干直立,上下等粗,纤维素质多,油脂少,适合茯苓菌丝生长;高山的松木经风吹雨打,材质坚硬,上细下粗,不适合茯苓菌丝生长。

(2)砍伐和整理

冬季为砍伐适期,农谚:"要得茯苓发,备料十冬腊,正月只能扫尾巴。"这时,气温低,松树生长缓慢,内部积累的养分多,树皮和木质部结合紧密,伐后不易脱皮。冬季气候干燥,木料内的水分和油脂容易挥发。冬季农闲,有利于劳动力的安排。春季也可砍伐,但要在惊蛰前结束。栽培茯苓的段木要求干燥,因此,砍伐期宜早不宜迟,特别是在春雨多的地区,大寒前必须砍完。砍伐宜选晴天,砍后立即削去大部分枝条,留下部分尾梢,使树体内水分加快散失。有些地区,削皮1~2条,让松脂流出,加速松木干燥,但集材时,松脂容易粘手和衣物,削面也易感染杂菌。

待松木稍干后,即锯成80厘米左右的段木。段木不宜过长,过长则茯苓菌丝生长慢、结苓迟,且雨后所吸水分不易散失,不利于菌丝生长。截断后,在每根段木上削去3~10条树皮(削去树皮条数因段木粗细不同而异),宽3厘米,深以见木质部为度,节疤要削平,留皮和削皮相间,宽度大体相等。"削皮留筋"的作用在于加速干燥并使茯苓菌丝容易在削皮处定植,避免其蔓延至木质部,而留筋处成为茯苓菌丝的传菌线,也可保护传引不久的茯苓菌丝,提高其对不良环境(干旱、暴雨等)的抵抗能力。削皮后堆垛(堆码),使段木进一步干燥,也便于集中管理,防止病虫危害。堆场应靠近苓场,选通风、向阳、干燥处,清除杂草和腐物,开排水沟,喷洒药剂,消灭害虫,杜绝杂菌。按"井"字形或多角塔形堆叠码垛,下垫石块,段木间相隔3厘米,堆高1米,其上盖杉木皮或茅草,进行日晒干燥。

(3)选场和整理

苓场以海拔300~1 000米的山地为好。海拔高,气温低,应全日照。海拔低,气温高,可半日照。坡度以15°~30°最合适。平地易积水,陡坡难保水,都不适宜种茯苓。方向坐北朝南或坐西朝东南皆可,其中以避风向阳的南坡为好。易积水的地方,杂木林,火烧地,溪谷阴湿地,盐碱地,长茅草的肥地、山腰、山凹等都不能作为苓场,种过茯苓或农作物的场地至少要休养3年后才可被选为苓场。土质要求为土层深厚、含砂量40%~70%的酸性沙质壤土。这种土结构疏松,排水良好,通风透气,吸热、散热快。菜园土、黏土、沙砾土等均不适宜。苓场大小以1亩左右为好。场地选好后,劈柴烧山,烧后除去草灰、草根、树根、石块,也可把表土全部挖去,只用底土。在苓场四周开"人"字形或梯形排水沟,防止雨水冲刷和积水,然后进行第一次翻土,让土壤冻、晒,以减少病虫危害。接种前1个月第二次翻土。

(4)苓穴下料(段木入窖)

在整理好的苓场上沿着主线开沟成厢。一般厢场上下宽2.5米左右,过宽不好管理,左右横向长度不定,但也不可太长。厢场周围开好排水沟,然后在厢场中按段木长度和个数挖好茯苓窖。每亩300~600窖。窖底和坡面平行,窖的底土挖松(深度8~10厘米即可),并使段木呈斜卧状,以利于排水和菌丝生长。下料和接种同时进行,清明至夏至下料,每穴35根(干重15~20千克)。下料时,应按段木的粗细,分别放置入窖,以免茯苓成熟不一,采收不方便。为防止空窖,可在两窖之间排一段木,呈"工"字形。

(5)接种(传引)

清明至夏至,晴天下料并接种。菌种分肉引(菌核切片)和木引(已长茯苓菌丝的段木)。肉引易退化,浪费种苓。木引不可靠,又易传染病害。目前已用纯菌种传引,纯菌种可分屑引、枝条引、矩形种引等。

①肉引:肉引是我国茯苓的传统栽培方法。肉引栽培的优点是当年产量有保证,形态、气味、色泽良好。肉引最好用野生苓或栽培的"吊式苓"(有时,茯苓菌丝可随着细小的松根和草根蔓延生长,在离开松木或树兜一定距离的地方形成有蒂的"吊式苓"或"吊丝苓")。种苓最好为1~2代,最多不要超过4代。每30千克料种0.5千克左右种苓为宜。

②木引:凡长满菌丝但尚未结苓的苓木(金黄色)都可锯成小木引。白

色的苓木,菌丝未发好,黑色或黑褐色的苓木,菌丝过老,这样的苓木都不宜作种。苓木一揉即成粉末的也不能用。通常木引都是经过特别培养的。其方法是:5月上旬用直径10厘米、长45厘米的松木,剥皮后每窖下35根,排成1层或2层,将新挖出的茯苓种掰开,边挖边接种,每窖接种0.5千克肉引。接后覆土3厘米,8月上旬即可挖出作种。把木引种锯成3节,每窖下1节,放在新料底层中间一根段木的上方。中间这根段木要短一些,靠拢排紧。若想传引快,也可同时每窖放1块小茯苓,然后覆土。

③纯菌引:要求菌丝生命力旺盛,全瓶洁白,无杂菌污染。凡变棕色或菌丝稀疏的菌种都应淘汰;绝不能用老化种,否则只长皮,不结苓。

④引的种类:按段木接种方法和菌种的不同可把引分为多种。如:a.浆引(浆种),即把鲜茯苓捣烂,加清水调成糊状,灌入树皮和木质部之间。b.头引,即把肉引贴于段木的一端,一般贴于上端。陡坡用此法,苓种易与段木脱离。c.侧引(靠引、贴引),即把肉引贴于段木的侧面。d.蔸引,即把引木锯成10~12厘米长,靠接于每根段木上端横切面上。e.夹引,即把引木锯成20~40厘米长,然后夹在两根段木间的上端横切面上。f.瓶引,即把一根小棍插入瓶中(要削皮使之有空隙),再连瓶和段木埋在一起,瓶口应朝下倾斜,防止雨水入瓶。g.膏药式引,即把纯培养的木屑菌种包于杉木皮、竹笋壳、牛皮纸内,贴于段木上。h.矩形种木引,按照接种方法又分为两种:一种是窖底平铺两三根段木,留皮处紧靠在一起,把木引顺缝一片接一片地铺在上面,共铺3片(小的6片),再撒上木屑菌种,然后将一根段木削皮处向下,紧压木引,即可覆土;第二种是选取大小适中、质松无节的干段木一段,劈成两半,将菌种夹在离段木末端6厘米处,便可覆土。

⑤每窖(一般15千克左右松木)接种量:肉引150~250克,木引3~6片。接种量太多,成活率高,菌丝蔓延快,待结苓时,养分已耗尽,不易结苓或易发生烂窖;接种量过小,成活率低,或虽成活,但菌丝生长缓慢,也不易

结苓。播种后,立即覆土,厚2.5~6.5厘米,封住窖面。

(6)苓场管理

接种后,苓场清沟排水,消灭白蚁,要防止苓窖沙土流散和段木外露,陡坡苓场应注意培土。久雨天苓窖积水,可把窖挖开,露出段木,晒晒太阳,然后再覆土。苓场要围上,防止牲畜践踏及其粪便入窖,以免积水,带入病菌,造成烂窖。一般接种后7~10天发菌,对苓窖进行一次检查,其方法有3种:a.趁清晨露水未干前到苓场查看,窖上无露水珠,说明窖内发菌好,这是因为菌丝生长时不断呼吸放出热量,使露水蒸发。若有露水珠,则没有成活。b.从窖旁把土挖开,若看到段木下面已有白色绒毛状菌丝,并闻到茯苓气味,则生长良好;无气味的话,则没有成活。c.用广范pH试纸贴于菌丝上,变红色,pH为2~3时,可确定为茯苓菌丝。若pH为5以上,则不可靠。逐窖检查,做好记录。

第一次检查后7~10天,再进行第二次检查。若不上引,或引头发黄、发黑、软腐,即未成活,应补种或调种。补种时,将未发菌的苓木全部挖出,晒干,将削口重削,另接新菌种。调种是从其他发好的窖内取一根段木,调换到未发菌的窖内。茯苓菌丝有气生菌丝和基内菌丝两种类型。气生菌丝沿苓木表面生长,肉眼易见;基内菌丝深入木质部内生长,表面难见。因此,需要谨慎分辨,防止认错,造成不应有的损失。

30天后在侧面发生"捆沙"(菌丝入沙成团),菌丝发得好,即为正常。50~60天后,菌丝应发到底封兜,开始结苓。若这时还不到底,菌丝东一点、西一点,俗称"跳花",即使结苓,产量也不高。若菌丝发黄,有红褐色水珠渗出,说明这可能是瘟窖。

茯苓结苓后生长快,茯体不断膨大,常常破土而出。若任它裸露在外(俗称"冒风"),经风吹雨打、日晒,苓肉易腐烂,或很快形成子实体,影响菌丝继续生长。因此,结苓期随着茯苓的不断长大,要陆续培土覆盖,且雨季要注意排水,防止积水。另外,要防野猪拱窖、偷食和毁坏苓场。茯苓除易受白蚁危害外,还受苓虱等危害,影响生长,降低产量,甚至有种无收,可用3年轮栽法预防此类危害。

(7)采收

如果苓木变棕褐色,一捏即碎;茯苓外皮不再出现裂纹,白色的嫩口已呈褐色,靠近段木处的菌核已经松泡,"菌带"(又称"苓蒂",菌核与苓木接触的部分)松脱,苓块为褐色(白色的太嫩,黑褐色的太老);地面泥土不断龟裂,都表明茯苓已成熟,应及时采收。若苓木呈黄色,且质地硬,可将已结的茯苓取下,把段木埋入土中,还可结苓。采收时,由坡上至坡下或由坡下至坡上逐窖采收。成熟期不一致的,可采大留小,一致的应全部采收。每窖产量因种苓、苓木及环境条件不同和技术高低而异,一般为5千克左右,丰产的可达30千克。

2.树头栽培(蔸栽)

(1)选择料场和树头

凡坐北朝南、日光充足、排水好、含沙多的地方均可作料场。没有腐烂、未经虫蛀,还有树皮的,没有松脂或少结松脂的砍后2年的松树头,以及根皮还好、未经虫蛀的当年砍伐的松树头都可栽培茯苓。

(2)接种

5月末至6月初为夏种时间,8月末至9月初为秋种时间。直径30~35厘米的树头,用木引接种的,在树头离地面6.5厘米和10厘米处各打一个洞,深15厘米左右。木引筒比洞径要稍大,把它打入洞内,接种要求紧而平。用肉引接种,接0.75~1千克菌种,要求种苓肉与树头削口紧靠,四周用泥土压实。用屑引接种的,接1~2瓶菌种(500克装),先打洞,洞口盖树皮,盖紧并压平。不论用什么菌种接种的,接好后都应覆土。

(3)管理

参照段木栽培。

第四章 食用菌常见病虫害及其防治措施

第一节 食用菌常见病害及其防治措施

一、非侵染性病害

在栽培食用菌的过程中,食用菌除了受病原物的侵染,不能正常生长发育外,同时还会遇到某些不良环境因素的影响,造成生长发育的生理性障碍,产生各种异常现象,导致减产及品质下降,即所谓生理性病害,如菌丝徒长、菇畸形、硬开伞、死菇等。

1.菌丝徒长

双孢蘑菇、香菇、平菇等栽培时均有发生。在菇房(床)湿度过大和通风不良的条件下,菌丝在覆土表面或培养料面生长过旺,形成一层致密的不透水的菌被,造成推迟出菇或出菇稀少,导致减产。菌丝徒长除了与上述环境条件有关外,还与菌种有关。有的在母种分离过程中,气生菌丝挑取过多,常使原种和栽培种产生结块现象,造成菌丝徒长。在栽培食用菌的过程中,一旦出现菌丝徒长的现象,就应立即加强菇房通风,降低二氧化碳浓度和细土表面湿度,并适当降低菇房温度,抑制菌丝徒长,促进出菇。若土面已出现菌被,可将菌膜划破,然后喷重水,大通风,仍可望出菇。

2.菇畸形

双孢蘑菇、平菇、香菇等食用菌栽培过程中,常常出现形状不规则的

子实体,或者形成未分化的组织块。如栽培平菇时,常常出现由无数原基堆集成的花菜状子实体,直径小的几厘米,大的20厘米以上,菌柄不分化或极少分化,无菌盖。原基发生后出现的畸形菇则是由异常分化的菌柄所组成的珊瑚状子实体,无菌盖或者菌盖极小。双孢蘑菇常出现菌柄肥大、盖小肉薄,或者无菌褶的高脚菇等畸形菇。造成食用菌形成畸形菇的原因有很多,主要原因是二氧化碳浓度过高,供氧不足,或覆土颗粒太大,出菇部位低,或光照不足,或温度偏高,或用药不当等。

3. 玫冠病

主要出现在双孢蘑菇上。病菇菌盖边缘上积,在菌盖上表面形成菌裙,有时则在菌盖上形成菌管、菌褶分辨不清的瘤状物。玫冠病往往在最早的几潮发生得较多。玫冠病主要是化学药品污染所致,如矿物油、杂酚油、酚类化合物或杀菌剂使用过量等。

4. 薄皮早开伞

在双孢蘑菇出菇旺季,由于出菇过密,温度偏高(18℃以上),很容易产生薄皮早开伞现象,影响其质量。在栽培过程中,菌丝不要调得过高,宜将出菇部位控制在细土缝和粗土粒之间,防止出菇过密,适当降低菇房温度,可减少薄皮早开伞现象。

5. 空根白心

双孢蘑菇量产期如果温度偏高(18℃以上),菇房空气相对湿度太低,加上土面喷水偏少,土层较干,双孢蘑菇菌柄容易产生白心。在切削过程中或加工泡水阶段,有时白心部分收缩或脱落,形成菌柄中空的双孢蘑菇,严重影响其质量。为了防止空根白心双孢蘑菇的产生,可在夜间或早晚通风,适当降低菇房温度,同时向菇房空间喷水,增加空气湿度。喷水力求轻重结合,尽量使粗土、细土都保持湿润。

6.硬开伞

当温度低于18 ℃,且温度变化10 ℃左右时,双孢蘑菇的幼嫩子实体往往出现提早开伞(硬开伞)现象。在突然降温、菇房空气湿度偏低的情况下,双孢蘑菇硬开伞现象尤甚,严重影响其产量和质量。在低温来临之前,做好菇房保温工作,减小室内温差,同时增加菇房内空气湿度,可防止或减少双孢蘑菇硬开伞现象的发生。

7.水锈斑

多见于双孢蘑菇。菇房通风不良,空气相对湿度超过95%时,菌盖上常有积水,或覆土粒上有锈斑,都会使双孢蘑菇菌盖表面产生铁锈色斑点,影响菇体外观。避免使用带铁锈色的覆土,加强通风排湿,及时蒸发菌盖表面的水滴,可防止双孢蘑菇水锈斑的发生。

8.死菇

在双孢蘑菇、香菇、草菇、金针菇等多种食用菌的栽培中,均有死菇现象发生。尤其是头两潮菇出菇期间,小菇往往大量死亡,严重影响前期产量。造成死菇的原因:一是出菇过密、过挤,营养供应不足;二是高温、高湿,菇房或菇场通风不畅,二氧化碳累积过量,致使小菇被闷死;三是出菇时喷水过多,且对菇体直接喷水,导致菇体水肿黄化,溃烂死亡;四是用药过量,产生药害,伤害了小菇。

二 真菌性病害

1.褐腐病

症状:只感染子实体,不感染菌丝体。发病初期,食用菌的菌褶和菌柄下部出现白色绒毛状菌丝;稍后,病菇呈水泡状,进而褐腐死亡。幼菇受害后常呈无盖畸形(硬皮马勃状团块),并伴有暗黑色液滴渗出,最后腐烂死亡。感病菇上渗水滴是褐腐病的典型症状。主要危害双孢蘑菇、草菇。

防治措施：a.覆土前5天，按每立方米覆土加50毫升37%~40%的甲醛水溶液、25克高锰酸钾进行密封熏蒸24小时，可以预防此病发生。b.开始发病时应停止喷水，加大菇房通风量，并且尽可能将温度降为15℃以下。c.在病区喷洒1%~2%的甲醛水溶液，或喷洒多菌灵500倍液，或托布津500倍液灭菌。d.发病严重时，更换覆土，烧毁病菇，并用4%的甲醛水溶液消毒工具。

2.褐斑病

症状：病菇菌盖上产生许多针头状褐色斑点，后逐渐扩大，并产生灰白色凹陷，病程约14天。虽然双孢蘑菇的营养菌丝不会染病，但子实体分化前，病菌可沿双孢蘑菇的菌丝索生长，形成质地较干的灰白色组织块。后期染病，菌柄变粗、变褐，表层剥裂，菌盖较小，畸形，常有霉状附属物。病菇干裂，不腐烂，无特殊臭味。主要危害双孢蘑菇子实体。

防治措施：a.用甲醛熏蒸覆土，且避免覆土过湿。b.防止菇蝇进入菇房。c.用4%的甲醛水溶液消毒工具。d.已发病的菇床，可喷洒多菌灵500倍液，抑制病菌蔓延。

3.软腐病

症状：发病时，床面覆土周围出现白色蛛网状菌丝。若不及时处理，病原物迅速蔓延，并变成水红色。在双孢蘑菇的整个发育阶段都可染病，染病子实体并不发生畸形，而是逐渐变成褐色，直至腐烂。主要危害双孢蘑菇。

防治措施：a.软腐病很少大面积流行。局部发生时，喷洒2%~5%的甲醛水溶液。b.减少床面喷水，加强通风，降低床面湿度。c.在染病床面撒0.2~0.4厘米厚的石灰粉。d.喷洒托布津或多菌灵500倍液。

4.褶霉病

病原菌习性：喜湿度偏高的环境。

症状:病菇形状正常,但菌褶一堆一堆地贴在一起,其表面常有白色菌丝。主要危害双孢蘑菇、香菇。

防治措施:a.加强菇房通风,防止菇房湿度过高。b.及时摘除并烧毁病菇。c.喷洒托布津或多菌灵500倍液,可抑制该病害发展。

5.菇脚粗糙病

症状:病菇菌柄表层粗糙、裂开,菌盖和菌柄明显变色,后期变成暗褐色。在病菇的菌柄和菌褶上可以看到一种粗糙、灰色的菌丝生长物。它可以蔓延到病菇周围的覆土上,发病情况和软腐病有些相似。有些病菇发育不良,形成畸形菇。主要危害双孢蘑菇。

防治措施:a.对土壤进行蒸汽或药剂消毒。b.严防覆土带菌。

6.猝倒病

症状:主要侵染双孢蘑菇菌柄,侵染后病菇菌柄髓部萎缩,变成褐色。早期感染的病菇和健菇在外形上差异明显,只是病菇菌盖色泽较暗,菇体不再长大,逐渐变成"僵菇"。与其他致烂菌共同作用导致覆土香菇烂筒。主要危害双孢蘑菇、覆土栽培的香菇。

防治措施:a.对覆土进行蒸汽或药物消毒,这是防治本病的主要方法。b.一旦发病,可按11:1的比例将硫酸铵与硫酸铜混合,然后取上述混合物300克加水100千克制成溶液喷洒菇床。c.也可喷洒苯来特或托布津500倍液。d.选择适宜栽培品种,出菇场所防止高温高湿,夏季香菇栽培场所应加强通风、降温、减湿。

7.红银耳病

症状:染病银耳子实体变成红色、腐烂,最后使耳根失去再生力,危害银耳。

防治措施:a.适时接种,尽可能使出耳时的气温低于25 ℃,以减轻其危害。b.老耳棚在堆棒前用氨水消毒,工具用0.1%的高锰酸钾溶液杀菌。

8.竞争性真菌病害(杂菌)

危害食用菌的竞争性真菌病害主要是指污染菌种的杂菌、代料栽培中菇房(菇床)常见杂菌,及木腐菌、段木栽培中常见的杂菌侵染等。

(1)污染菌种的常见杂菌

①毛霉菌:受害的培养基或培养料表面出现灰白色稀疏的菌丝,生长速度快,后期菌丝顶端形成许多黑色圆形颗粒。毛霉菌在自然界分布广泛,菌种和培养料消毒不彻底、培养室湿度高、菌袋的棉塞受潮等均会引起毛霉菌感染。

②根霉菌:根霉菌与毛霉菌相似,危害培养基或培养料的表面,在培养基上产生弧形的葡萄菌丝,向四周蔓延。后期在培养基表面形成许多黑色颗粒。

③曲霉菌:自然界的有机物上普遍都有曲霉菌,空气中有其孢子。培养料、棉塞等在湿度大或通风不良时很容易感染曲霉菌,在培养料表面或棉塞上生出黑色或黄绿色团粒状霉,组成粗粉粒状的菌落。

④青霉菌:青霉菌分布广,分生孢子多,很容易由气流传播,引起培养料发病,最初在培养料表面形成白色绒毛状菌丝,以后形成绿色的粉状霉层。

⑤黑霉菌:又称链格孢霉菌、交链孢霉菌。病菌分布广泛,受侵害的培养基或培养料表面会长出黑绿色绒毛状菌落。

⑥链孢霉菌:俗称链孢霉或红色面包霉,菌落最初为白色、粉粒状,很快变为橘黄色、绒毛状,以后呈橘黄色或粉红色。

防治措施:上述杂菌的防治方法比较相似。重在预防,培养料要新鲜、干燥,灭菌要彻底,保持棉塞干燥,灭菌后的料瓶、料袋放在消毒彻底的房间里。采取药剂拌料,拌料时加入干料重0.2%、浓度为0.25%的多菌灵溶液或干料重0.1%、浓度为50%的甲基托布津溶液。

(2)粪草菌培养料常见的杂菌

①棉絮状杂菌:其对温度要求与双孢蘑菇菌丝相似,为10~25 ℃,对土层湿度要求不高。病原菌在床面大量发生时,影响双孢蘑菇菌丝生长和双孢蘑菇产量,病区菇稀、菇小,严重时不出菇。条件适宜时,可变粉孢霉先在细土表面生长,菌白色,短而细,像一蓬蓬棉絮,故称棉絮状杂菌。经过一段时间,菌丝萎缩,逐渐变成粉状、灰白色,最后变为橘红色颗粒状分生孢子。防治措施:当棉絮状菌丝出现在土表时,用多菌灵或托布津500倍液喷洒,100平方米用药液45千克,连续严重发生棉絮状杂菌污染的菇房,用多菌灵800倍液拌料。

②胡桃肉状杂菌(假块菌、牛脑髓状菌):性喜高温、高湿、郁闭的环境。菌种感染后,菌丝未发透培养料时,出现浓白、短柄带有小白点的菌丝丛,很像双孢蘑菇菌丝徒长,不结被,但常扭结成形似不规则的小菇蕾,拔塞时有一股漂白粉的气味。菌料感染时,菌料表面或底部出现肥壮、浓密、白色至黄白色带小白点的菌丝,有漂白粉的气味。随着杂菌的滋生,培养料开始变松,双孢蘑菇菌丝逐渐退化消失。上层感染时,料层之间或土层中间出现不规则的成串的畸形小菇蕾样杂菌,连绵不断地向四周扩散,并散发出很浓的漂白粉气味,双孢蘑菇菌丝消失。防治措施:a.避免在患有该病的菇房选种。b.出现过胡桃肉状杂菌污染的床架材料要全部淘汰,菇房及场地喷洒多菌灵800倍液消毒,有条件时更换菇房更理想。c.培养料要经过二次发酵,且防止培养料过湿、过厚。d.发病初期,及时用石灰粉封锁病区,停止喷水,加强通风,待土面干燥后,小心地挑出杂菌的子囊果并烧毁。当室温降为16 ℃以下后,再调水管理,仍可望出菇。

③白色石膏霉(臭霉菌):培养料含水量65%,空气相对湿度90%,温度25 ℃以上的高温、高湿环境适宜其生长,偏熟、偏黏、偏氮、pH为8的培养料是白色石膏霉的最适生活条件。菌料感染后,起初出现白色浓密绒毛

状菌丝,湿度越高蔓延越快,白色菌落增大,最后变成黄褐色。土层感染后,土层中出现白色菌落,变色比菌料快,土层被污染后很臭。防治措施:a.使用质量好的经"二次发酵"处理的培养料栽培食用菌。b.堆肥中添加适量的过磷酸钙或石膏。c.局部发生时,用1份冰醋酸兑7份水后浸湿病部。d.大面积发生时,可用多菌灵600~800倍液喷洒整个菇床。

④褐皮病(褐色石膏霉):喜过湿的菇床。该菌发生初期为白色,逐渐扩展出现15~60厘米直径的病斑,病斑逐渐变成褐色,呈颗粒状。用手指摩擦时,似滑石粉的感觉,这不是孢子而是珠芽,它极易在空气中传播。随着气温的降低和菇床水分的减少,病斑逐渐干枯,变成褐色革状物,出菇量锐减。防治措施:a.控制播种前培养料的含水量。b.一旦发病,立即加强通风,并在病斑周围撒上石灰粉,防止病斑扩散蔓延。c.局部发生时,喷洒多菌灵500倍液或醋酸7倍液。

⑤鬼伞:气温20℃以上时,鬼伞可以大量发生。危害双孢蘑菇和草菇。在堆制培养料时,鬼伞多发生在料堆周围;菇房内,鬼伞多发生在覆土之前。鬼伞生长很快,从初见子实体(鬼伞)到其自溶,只需24~48小时,与草菇、双孢蘑菇争夺养料,造成减产。防治措施:使用未霉变的稻草、棉籽壳等栽培草菇;使用质量合格的"二次发酵"的培养料栽培双孢蘑菇;对曾经严重发生鬼伞危害的菇房,栽培结束后,菇房、床架、用具等要认真刷洗,严格消毒处理,以绝后患。

(3)段木栽培中的常见杂菌及其防治

段木栽培中常见杂菌大多数为担子菌中的非褶菌类,少数为子囊菌、半知菌或具有菌褶的担子菌。由于段木取于山间树林,本身带有这些杂菌的孢子、菌丝或子实体,再加上菌棒又在野外栽培,所以这些杂菌好像田间杂草,不种自生,且适应性强,条件适宜时繁衍极快。它们或喜干燥、向阳场地,或喜潮湿、郁闭的环境,或者介于两者之间。

防治措施：a.适当地增加栽培菌的接种穴数。b.原木去枝断木后，及时在断面上涂刷石灰水，防止杂菌从伤口侵入。c.选用生命力强的优良菌种，且尽可能在气温尚低(5~15 ℃)时接种。d.经常清除并烧毁场地内及场地周围的一切枯枝、落叶和腐朽之物，避免杂菌滋生。e.固定专人接种，严格按无菌操作进行接种。f.适时翻堆，改换菌棒堆放方式，保持菌棒树皮干燥。操作时轻拿轻放，保护树皮。g.一旦发生杂菌，及时刮除，同时用石灰水或杂酚油涂刷刮面，将杂菌大量发生的段木搬离栽培场地，隔离培养、烧掉。

三、细菌性病害

1.细菌性斑点病（褐斑病）

症状：病斑只见于菌盖表面，最初呈淡黄色变色区，后逐渐变成暗褐色凹陷斑点，并分泌黏液。黏液干后，菌盖开裂，形成不对称状子实体，菌柄偶尔也发生纵向凹斑。菌褶很少感染。菌肉变色较浅，一般不超过皮下3毫米。有时双孢蘑菇采收后才出现病斑。主要危害双孢蘑菇。

防治措施：a.控制水分，做到喷水后覆土，让菇体表面的水分能及时蒸发掉。b.减少湿度波动，防止高湿。c.喷洒次氯酸钙（漂白粉）600倍液，可抑制病原菌蔓延，在覆土表面撒一层薄薄的石灰粉，也能抑制病害发展。

2.菌褶滴水病

症状：幼菇未开伞时没有明显的症状，一旦开伞，就可发现菌褶上有奶油色小液滴，严重时菌褶烂掉，变成一种褐色的黏液团。主要危害双孢蘑菇。

防治措施：同细菌性斑点病。

3.黄单胞杆菌病

症状：起初，在病菇表面出现褐斑。随着菇体的生长，褐色病斑逐渐扩

大,且深入菌肉,直至整个子实体全部变成褐色至黑褐色,最后萎缩死亡并腐烂。本病多发生在秋菇后期,病原细菌在10 ℃左右侵染双孢蘑菇。

防治措施:a.用漂白精或漂白粉液对菇房、床架等进行消毒(稀释液含有效氯0.03%~0.05%。b.用经过二次发酵(后发酵)的培养料栽培双孢蘑菇。c.覆土用2%的甲醛水溶液消毒。

第二节 食用菌常见虫害及其防治措施

一、虫害的表现形式

取食菌丝或子实体,直接造成减产和影响菇体外观,致使食用菌降低甚至失去商品价值。虫咬的伤口极易导致腐生性细菌或其他病原的侵染,而且有些昆虫本身就是病原物的传播者,所以很容易并发病害,造成更大损失。有些害虫蛀食菌棒,加快了菌棒的腐朽进程,缩短了持续出菇的时间,造成直接危害。

二、害虫种类

危害食用菌的害虫种类有很多,生活习性也较复杂,其中危害最严重的主要是鳞翅目(食丝谷蛾)、鞘翅目(光伪步甲)、双翅目(菌蚊)、等翅目(白蚁)、弹尾目(跳虫)、缨翅目(蓟马)中的一些昆虫。此外,鼠、兔、线虫、螨类等,也能咬蚀食用菌的菌丝或子实体,同属于食用菌的有害动物。

三、防治措施

在食用菌的生长过程中,当害虫的虫口密度达到一定数量时,如果食物充足,环境条件适宜,虫害就会大面积发生。

栽培场地管理不善、周围杂草丛生或遍地杂物、虫源地与栽培场没有一定距离的隔离等,都容易造成虫害的大发生。

第三节　食用菌绿色生产技术要求

随着食用菌人工栽培地域的扩展和时间的推移,病虫害的发生是不可避免的。以往一提起病虫害防治,就依赖于药物防治,因此,也造成一定的负面效应,使食用菌产品某些有害成分超标,同时带来环境污染。绿色食用菌栽培在病虫害治理技术控制中强调尽可能采用以生物防治、物理防治、生态防治为主体的综合治理措施,把有害的生物群体控制在最低的发生状态,保持产品和环境的绿色安全。

一　生态防治

食用菌病虫害的发生,环境条件适宜程度是最重要的诱导因素。当栽培环境不适宜某类菌种生长,导致生命力减弱,就会造成各种病虫、杂菌的入侵,香菇烂筒就是明显的实例。当香菇菌筒处于海拔较高、夏季气温较适宜的地方,烂筒就较少发生;当菌筒覆土后长期灌水,造成高温、高湿,好氧性菌丝处于窒息状态,烂筒就大面积发生。

根据栽培的食用菌种类的生物学特性,选择最佳栽培区域,生产最适宜食用菌种类,这是食用菌病虫害绿色治理的最基本技术。

此外,通过选择抗逆性强的良种,人为改善栽培场环境,创造有利于食用菌、不利于病虫害发生的环境,都是有效的生态治理措施。

二　物理防治

病虫害均有各自的生理特性和生活习性,利用各种危害食用菌的菌类、虫类的这些特性,采用物理的、非农药的方法防治,也可取得满意的治理效果。如利用某些害虫的趋光性,可在夜间用灯光诱杀;利用某些害

虫对某些食物、气味的特殊喜好进行诱捕。

昆虫是传播病害的主要媒介之一,加强害虫防控,菇房(棚)的门窗及通气口都应安装60目的纱窗、纱门、防虫网,防止菇蝇、菇蚊和螨类带菌传染。在菇房的进出口保持10米以上黑暗或设置缓冲门,出入菇房随手关门,防止成虫趋光飞入产卵。

三 化学防治

化学防治就是应用化学药物抑制或杀灭病原物和害虫的方法。如菇房、用具、床架在使用前和结束后应消毒,栽培前和栽培后对各种操作工具及栽培场地进行消毒。菌种厂的无菌室、冷却室、接种室、培养室、贮藏室、栽培场所应每隔7~10天定期喷洒一次环境消毒剂(1%的甲醛水溶液或者多菌灵溶液)。

如果发现病虫害,可以选用菌毒清1 000倍液或菇菌清300~500倍液,或用10%的漂白粉液喷洒菇畦。

此外,需要注意的是,在施药前后菇床要停水1天,避免药入水中对食用菌的生长造成影响。每次施药间隔3~4天,一般3~4次即可有较大的成效。使用药剂应符合NY/T 393的规定。